Freies Abferkeln in der KW-Bucht

Praktische Hinweise zur tier- und umweltfreundlichen sowie funktionssicheren und kostengünstigen Haltung säugender Sauen bei freier Abferkelung

RUDOLF WIEDMANN, TÜBINGEN

Die Kraft für große Dinge
kommt aus der intensiven Betrachtung der kleinen Dinge

(Gerd Brucerius)

Herstellung und Verlag: BoD – Books on Demand, Norderstedt

Printed in Germany: ISBN 9783756206315

Inhalt

1 Rechtliches und gesellschaftliches Umfeld 1

    1.1   Blick über die Grenzen 1

    1.2   Bewegungsbuchten sind nur Zwischenschritte 1

    1.3   Gesetzliche Vorgaben sind nur Minimalanforderungen 2

2 Schwachstellen der Abferkelung im Kastenstand 3

    2.1   Entscheidend ist die Gesamtmortalität 4

    2.2   Was steht der freien Abferkelung entgegen 5

    2.3   Ermutigende Zahlen aus der Schweiz 6

    2.4   Die Krux mit den vielen geborenen Ferkeln 8

    2.5   Die freie Abferkelung erfordert einige Anpassungen 9

    2.6   Spielräume nutzen und Grenzen akzeptieren 11

3 Das Verhalten von Schweinen = Planungsgrundlage 13

    3.1   Kleine Verhaltenskunde für Leser mit wenig Zeit 14

    3.2   Funktionskreis Sozialverhalten 15

    3.3   Funktionskreis Ernährungsverhalten 17

    3.4   Funktionskreis Ruheverhalten 18

    3.5   Funktionskreis Ausscheidungsverhalten 19

4 Merkmale der KW-Abferkelbucht 23

    4.1   Platzangebot: 9 m² bzw. 13,6 m² 25

    4.2   Sommer- und Winterstall 26

4.3	Stallklimatisierung	29
4.4	Wand- und Bodenheizung im Ferkelnest	33
4.5	Profilierung des Bodens	38
4.6	Dreieckiges Ferkelnest	43
4.7	Veranda vor Dreiecknest	50
4.8	Bodenheizung im Sauenliegebereich vor dem Nest	52
4.9	Mit coolen Sauen höhere Absetzgewichte	53
4.10	Buchtenwände	55
4.11	Personendurchstiege	57
4.12	Bodenfütterung für Sau und Ferkel	59
4.13	Extra Ferkelschlupf in den Auslauf	63
4.14	Metallschleifen vor der Veranda	67
4.15	Abliegewände an allen Buchtenseiten	68
4.16	Wasserversorgung im Stall	73
4.17	Sauenfixierung	76
4.18	Zentral bedienbare Nestschieber	79
4.19	Zentral bedienbare Nestdeckel	80
4.20	Entwässerung des Kotbereiches	81
4.21	Gestaltung der Auslauftüren	91
4.22	Buchtentore und -verschlüsse	98
4.23	Stall mit Längsgefälle (optional)	107

5   Zusammenspiel von Menschen und Tieren **109**

   5.1   Abferkeln im Kotbereich minimieren bzw. verhindern................... 109

   5.2   Abferkeln direkt vor dem Ferkelnest fördern 110

   5.3   Ferkel zum Aufsuchen des Nestes animieren 112

   5.4   Bei Zuchtläufern Abliegen an Buchtenwänden fördern................. 115

   5.5   Umgang mit den Sauen 116

6   Maßangaben für die KW-Bucht..**117**

7   Nachhaltige Baumaterialien **121**

8   Abbildungsverzeichnis...**125**

9   Übersichtverzeichnis **131**

10   Quellenverzeichnis **132**

Vorwort

Ferkelführende Sauen in Kastenständen zu halten, ist laut Tierschutz-Nutztier-haltungsverordnung nach dem aktuellen Tierschutzrecht nicht verboten. In der Tierschutzdiskussion sollen aber künftig im Deck- und Abferkelstall nur noch kurze Zeiträume für die Fixierung gelten. Ferkelführende Sauen dürfen spätes-tens ab dem 9. Februar 2036 nur noch 5 Tage rund um die Geburt fixiert werden. Aber schon vor Fristende gilt, dass bei Neu- und Umbauten sofort mindestens 6,5 m² große Bewegungsbuchten zu planen sind.

Wer nach Mindestanforderungen plant, läuft Gefahr von den politischen Vorga-ben getrieben zu werden. Diese ständige Anpassung wird für Betriebe nicht zu vermeiden sein, die weiterhin im Export bestehen wollen. Dieser Markt ist gro-ßen Preisschwankungen und vor allem einem großen Kostendruck ausgesetzt, dem die Mehrzahl der deutschen Schweinehalter nicht standhalten kann. Bau,- Arbeits-, Energie-, Genehmigungskosten usw. sind in Deutschland auf einem Ni-veau, das es in ähnlicher Höhe nur in der Schweiz, Norwegen und Schweden gibt. Für diese Länder sind bekanntlich Exporte keine Frage, weil ihre Produkti-onskosten dafür zu hoch sind. Deshalb liegt in diesen Ländern der Selbstversor-gungsgrad an Schweinefleisch unter 100%, z.B. in Schweden bei 75%.

Der starke Rückgang der Ferkelerzeugerbetriebe in Deutschland spricht eine deutliche Sprache: Viele wollen und können sich nicht mehr dem ständigen Druck von der Kostenseite als auch von der Gesellschaft aussetzen, immer noch kostengünstiger erzeugen zu müssen. Vielen ist längst klargeworden, dass es für ein angemessenes Familieneinkommen das Weiter und Größer als bisher nicht geben kann.

Da in Deutschland die Tierwohl- und Tierschutzthemen nicht mehr wegzuden-ken sind und die Kostenführerschaft nicht gelingen kann, spricht einiges dafür, auf die gesellschaftlichen Forderungen einzugehen. Dieser finanziell sehr auf-wendige und beschwerliche Weg hat das Ziel, mehr Einkommen durch Qualität als durch Quantität zu erzielen.

Eine zentrale Rolle spielt dabei die Haltung der ferkelführenden Sauen. Wie groß können oder müssen Freilaufbuchten sein? In welchen Phasen ist ein Kastenstand überhaupt noch erlaubt? Wieviel Platz braucht man, um Saugferkelverluste möglichst niedrig zu halten und die Arbeitswirtschaft nicht zu überfordern?

Die KW-Abferkelbucht ist das Ergebnis von mehr als 65 Jahren Beobachtung von Verhaltens- und Arbeitsabläufen in Abferkelställen, verbunden mit der Suche nach praktikablen Lösungen. Dieses Buch gibt einen Überblick über Bau, Funktionsweise, Bewirtschaftung und alle relevanten Details.

Ohne sehr weitsichtige und engagierte Schweinehalter hätte dieses Buch nicht geschrieben werden können. Deshalb gilt mein Dank allen jungen und jung gebliebenen Schweinehaltern und -halterinnen, Angehörigen und Freunden, die Tag für Tag durch ihr Tun, ihr kritisches Urteil, ihre Kommunikationsbereitschaft und nicht zuletzt ihr Durchhaltevermögen die Entwicklung der KW-Bucht ermöglichten.

Thomas König aus Willstätt hat als Erster 72 KW-Buchten eingebaut. Deshalb trägt sie auch den Namen KW-Bucht: K steht für König und W für Wiedmann.

1 Rechtliches und gesellschaftliches Umfeld

Abferkelbuchten sind in Ferkelerzeugerbetrieben der aufwendigste und anspruchsvollste Stallbereich. Einerseits sind dafür die Baukosten relativ hoch und andererseits verlangt der Abferkelstall auch den relativ den höchsten Arbeitsaufwand. Letztlich entscheidet der Abferkelstall über die Zahl und Qualität der abgesetzten Ferkel, nach wie vor eine der wichtigsten Kennzahlen in der Ferkelerzeugung. Die Frage steht im Raum wie die künftigen Abferkelställe mit den Forderungen unserer Gesellschaft in Einklang gebracht werden können, deren erklärtes Ziel die freie Abferkelung ist.

1.1 Blick über die Grenzen

Nach der Richtlinie 2008/120/EG – Mindestanforderungen für den Schutz von Schweinen – muss ein freier Bereich vorgesehen werden, um ein selbstständiges oder unterstütztes Abferkeln zu ermöglichen. Die folgende Übersicht zeigt die aktuellen Regelungen freier Abferkelsysteme in EU- und Nicht-EU-Ländern.

	CH	CZ	DK	DE	NL	NOR	SWE	UK	AUT
Kastenstände	-	+	+	+	+	-	-	+	+
Verbot ab	2007			2036		2009	1971		2033

Übersicht 1: Regelungen in verschiedenen europäischen Ländern

1.2 Bewegungsbuchten sind nur Zwischenschritte

Die nur kurzzeitige Fixierung der Sau während der Geburt und/oder einige wenige Tage danach in sogenannten Bewegungsbuchten ist ein Zwischenschritt auf dem Weg zur freien Abferkelung. Ein solches Szenario beruht auf der trügerischen Hoffnung, dass man mit solchen Bewegungsbuchten bei Problemen ohne weiteres wieder zurück zum Kastenstand gelangen kann. In Bewegungsbuchten als eine Art Zwitterlösung von fixierter und freier Haltung ist es jedoch nicht möglich, die relativ anspruchsvollen Herausforderungen zu meistern. Sie werden eher für manche den Beweis liefern, dass die freie Abferkelung zu hohe Saugferkelverluste verursacht, darüber hinaus für das Stallpersonal gesundheitsgefährdend ist und nur zu einem Mehr an Investitions- und Arbeitskosten führt. Mittel- und langfristig heißt deshalb die Devise: Freies Abferkeln und kein kostenträchtiger Umweg über Bewegungsbuchten.

Eine starke Hervorhebung des Tierschutzes birgt in einem globalisierten Markt, in dem es vor allem nach dem Preis geht, die Chance, sich von der Konkurrenz abzuheben. Lebensmittel finden nicht nur durch Regionalität ihre Wertschätzung, sondern vor allem durch eine Führerschaft in der Prozessqualität. Das freie Abferkeln ist eine Art Prüfstein auf diesem Weg. Zwei zentrale Anliegen der Abschaffung des Kastenstandes – die ungestörte Ausübung des Nestbauverhaltens und die Trennung von Liege- und Eliminationsbereich – sind mit Bewegungsbuchten und der zeitweisen Fixierung der Sau nicht zu erreichen (E. GROSSE BEILAGE). Da Sauen immer weniger Erfahrungen mit der Eingewöhnung in Kastenständen sammeln können, ist deren Fixierung in einer besonders herausfordernden Phase der Geburt kontraproduktiv, insbesondere trifft das für Jungsauen zu. Da es in Bewegungsbuchten keine klare Trennung zwischen Liege- und Kotbereich gibt entsteht bei Einstreuverfahren ein erheblicher Arbeitsaufwand.

1.3   Gesetzliche Vorgaben sind nur Minimalanforderungen

Immer wieder wird irrtümlicherweise davon ausgegangen, dass die gesetzlichen Vorgaben für die Tiere optimal sind. Dabei handelt es sich aber über weite Strecken nur um Mindestvorgaben, die man nicht unterschreiten darf. Sie bieten weder die Gewähr für hohe Produktionsleistungen, noch für günstige Arbeitsabläufe, noch für möglichst gesunde Tiere. Ferkelerzeuger sollten sich also nicht auf die gesetzlichen Mindestanforderungen zurückziehen – diese können sich oft schnell durch Urteile ändern - sondern fragen, was die absehbare Zukunft gebietet.

2   Schwachstellen der Abferkelung im Kastenstand

Neuere Entwicklungen entstehen dann, wenn vorhandene Systeme Schwachstellen aufweisen, die auf Dauer nicht akzeptiert werden können. Ganz abgesehen von der sehr geringen Akzeptanz der Kastenstände von Seiten der Konsumenten gibt es auch eine Reihe fachlich begründeter Schwachstellen, die mit Kastenstandhaltung verbunden sind:

1. Zu allererst steht das Nestbauverhalten, das in Kastenständen nicht durchgeführt werden kann. Einerseits kann sich die Sau in Kastenständen weder vorwärts bewegen noch drehen und andererseits erfüllt Nestbaumaterial in Form von Jutesäcken am Kastenstand oder geringen Mengen an Kurzstroh für Nestbauverhalten nicht ausreichend den Zweck. Damit wird ein deutlich negativer Einfluss auf die Geburtsdauer insgesamt und den zeitlichen Abstand zwischen der Geburt einzelner Ferkel hingenommen.

2. Verminderte Möglichkeiten zur Kontaktaufnahme zwischen Sau und Ferkeln.

3. Höheres Erkrankungsrisiko durch Milchfieber (MMA-Syndrom). Die Haltung der Sauen findet über fast das ganze Leben in Gruppenhaltung statt (nicht nur in der Aufzuchtphase bis zum deckfähigen Alter sondern auch über die gesamte Trächtigkeit hinweg). Gruppenhaltung ermöglicht artspezifisches Verhalten, da die Funktionsbereiche für Liegen, Fressen, Trinken, Koten und Harnen mehr oder weniger deutlich räumlich voneinander getrennt sind. Dieses Verhalten wird durch die Aufstallung der Sauen in einen Kastenstand jäh verhindert. So verwundert es nicht, dass durch die massiv eingeschränkte Bewegungsfreiheit ein Teil von Sauen mit Kotverhalten reagiert.

4. Behinderung der Ferkel beim Säugeakt durch das Gestänge des Kastenstandes, insbesondere bei großen Würfen.

5. Schulterläsionen durch das vermehrte Liegen an immer derselben Stelle. Dies gilt insbesondere dann, wenn die Tiere direkt hinter dem Trog auf feuchtem Untergrund liegen.

6. Verschmutzung empfindlicher Körperbereiche wie der Vulva, da säugende Sauen in einem Kastenstand Liegen, Fressen, Koten und Harnen müssen.

7. Unnatürliches Abliegen, aber vor allem sehr erschwertes Aufstehen. Beim Aufstehen ohne Einschränkungen durch Stalleinrichtungen wie den Kastenstand, geht die Sau zunächst von der Seiten- in die Bauchlage über. Dies ist in Kastenständen nur ansatzweise möglich. Danach rutscht die Sau nach hinten (auch dafür ist nur sehr wenig Platz), um sich auf die Vorderbeine zu stellen. Nun holt die Sau Schwung nach vorne, um die Hinterbeine hochzubringen (Dafür sind die Kastenstände zu kurz). Die Abliegevorgänge beim Schwein sind also denen des Pferdes ähnlich. Anders ist es beim Abliegen: Dazu gehen Schweine zunächst mit den Vorderbeinen in die Kniestellung, um danach behutsam ihr Hinterteil auf dem Bauch abzulegen (wie es auch beim Rindvieh üblich ist). Aufgrund der Einschränkungen im Kastenstand kann angenommen werden, dass Sauen weniger aufstehen, um zu fressen, zu trinken oder eine bequemere Liegeposition einzunehmen.

8. Das beschriebene unnatürliche Aufstehen begünstigt auf perforierten Böden Zitzenverletzungen. Dies gilt insbesondere bei rutschigen Böden oder Tieren mit beeinträchtigten Fundamenten wie z.B. bei älteren Sauen.

2.1 Entscheidend ist die Gesamtmortalität

Für die Bewertung der Wurfleistung wird die Gesamtmortalität – die Summe der totgeborenen und während der Säugephase verendeten Ferkel – herangezogen. Da die Mehrzahl der totgeborenen Ferkel üblicherweise lebensfähig wäre, muss die Reduzierung der Saugferkelverluste auch hier ansetzen (E. GROSSE BEILAGE). So lag in Deutschland die Gesamtmortalität bis Ende der Säugezeit im Wirtschaftsjahr 2017/2018 im Durchschnitt bei 22,9% entsprechend 3,7 totgeborenen/verendeten und 12,3 abgesetzten Ferkeln pro Wurf (E. GROSSE BEILAGE). Nachfolgende Übersicht zeigt die Gesamtmortalität in verschiedenen europäischen Ländern mit und ohne Fixierung im Kastenstand.

Land	Haltung in der Abferkelbucht	Gesamtmortalität	Totgeborene/verendete Ferkel pro Wurf	Abgesetzte Ferkel pro Wurf
Deutschland	Kastenstand	22,9%	3,7	12,3
Dänemark	Kastenstand	22,6%	4,3	14,7
Norwegen	Ohne Fixierung	18,8%	2,9	12,3
Schweden	Ohne Fixierung	23,7%	3,8	11,9
Schweiz	Ohne Fixierung	19,4%	2,6	11,6

Übersicht 2: Gesamtmortalität von Ferkeln bis Ende der Säugezeit (E. GROSSE BEILAGE)

Die freie Abferkelung führt also nicht zu einer höheren Gesamtmortalität bei den Ferkeln, was die Ergebnisse aus Praxisbetrieben in den angeführten Ländern deutlich zeigen. Es gilt als gerechtfertigt, die verschiedenen Todesursachen bei Feten und neugeborenen Ferkeln als gleichwertig zu behandeln. Es macht keinen Unterschied, welches Ereignis letztlich zum Tod geführt hat. Auch für den Tierhalter ist aus wirtschaftlicher Sicht die Gesamtmortalität in Verbindung mit der Anzahl der abgesetzten Ferkel entscheidend. Zielführend sind nicht nur die finalen Todesursachen wie „Erdrücken" oder „Verhungern", sondern die primären Ursachen wie z.B. Wurfgröße, Körpergewicht, Geburtsdauer, Unterkühlung, Sauerstoffmangel, Kolostrumaufnahme, Stall- und Bodentemperatur, Zugang zum Gesäuge, Nähe zum Ferkelnest, usw.

2.2   Was steht der freien Abferkelung entgegen

In erster Linie sind dies die höheren Saugferkelverluste. Es ist eine Mammutaufgabe im „Magischen Dreieck" zwischen den Anforderungen des Muttertieres, denen neugeborener Ferkel und den wirtschaftlichen Zwängen des Halters eine Balance für alle Beteiligten zu finden. Nicht zu akzeptieren und sehr gravierend sind ohne Zweifel höhere Saugferkelverluste. Während in Kastenständen ca. 15% Saugferkelverluste auftreten, liegen sie bei aktuellen Gegebenheiten beim freien Abferkeln meist zwischen 5 bis 10% höher.

Die Saugferkelverluste können auch noch darüber liegen wie folgende Übersicht zeigt:

Saugferkelverluste in Abhängigkeit von der Zahl lebend geborener Ferkel bei freiem Abferkeln (n=51)				
Ferkelver-luste, St.	Anteil Sauen, %	Lebend geb. Ferkel je Wurf	Abgesetzte Ferkel je Wurf	Ferkel-verluste, %
0-1	47	10,2	9,8	4
2-3	27,5	12,6	10,1	19,9
>3	25,5	15,6	10,1	35,5

Übersicht 3: Saugferkelverluste (W. HAGMÜLLER)

Aus dieser Übersicht wird deutlich, dass es vor allem die Zahl der lebend gebo-renen Ferkel ist, die einen entscheidenden Einfluss auf die Zahl der abgesetzten Ferkel hat. Saugferkelverluste von 35% sind ohne Zweifel inakzeptabel, nicht nur aus tierethischer Sicht, sondern auch aus Rücksicht auf die in den Ställen arbei-tenden Menschen. Ganz abgesehen davon können sich Schweinehalter in der meist angespannten wirtschaftlichen Situation solche finanziellen Einbußen nicht leisten.

2.3 Ermutigende Zahlen aus der Schweiz

Doch wie sieht es in unseren Nachbarländern aus? In der Schweiz ist seit 2007 das freie Abferkeln vorgeschrieben. Wie nachstehende Übersicht zeigt, ist trotz der Umstellung die Zahl der abgesetzten Ferkel von 2010 bis 2019 um ca. 2-3 Ferkel je Sau und Jahr angestiegen. Der Leistungsanstieg ist beim Schweizer Edelschwein (ES) über die Jahre dem der Schweizer Landrasse (SL) ziemlich ähnlich. Der Abstieg der SL in den Jahren 2018 und 2019 ist nicht genetisch bedingt. Er beruht auf dem Verlust eines besonders leistungsstarken Betriebes und dem Herdenaufbau von neuen Betrieben.

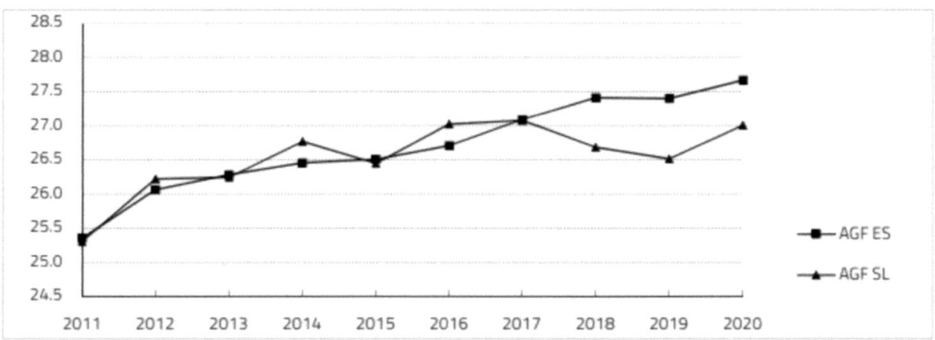

Übersicht 4: Abgesetzte Ferkel pro Sau und Jahr (SUISAG 2020, Seite 9

Die Saugferkelverluste sind in den letzten Jahren etwas gesunken. Sie sind mit 11-12% Saugferkelverlusten beim freien Abferkeln im Durchschnitt der Herdbuchsauen eine solide Leistung.

Erwähnenswert sind die relativ vielen Totgeburten im Vergleich zu den lebend geborenen Ferkeln. Man kann vermuten, dass lebend geborene Ferkel, die aber bereits am ersten Tag gestorben sind, häufiger als Totgeburt statt als Saugferkelverlust gemeldet werden. Unter Einbeziehung dieses angenommenen Umstandes wären die tatsächlichen Saugferkelverluste im Bereich von ca. 15%, was in der vertretbaren Größenordnung liegt.

Merkmal	Schweizer Edelschwein			Schweizer Landrasse		
	Wurf 1	Folge-würfe	Alle Würfe	Wurf 1	Folge-würfe	Alle Würfe
Anzahl Würfe	4284	17146	21430	833	2700	3533
leb. geb. Ferkel	11,88	13,42	13,11	11,66	13,24	12,86
tot geborene Ferkel	0,95	1,20	1,15	0,73	1,29	1,16
Ferkelgewicht in kg	1,46	1,53	1,52	1,46	1,56	1,54
Ammenferkel in %	8,1	6,2	6,6	8,9	6,3	6,9
Abgänge						
Pro Wurf	1,37	1,46	1,45	1,25	1,70	1,60
- erdrückt	0,40	0,64	0,59	0,51	0,85	0,77
- totgebissen	0,05	0,01	0,02	0,03	0,00	0,01
- Unterentwick-lung	0,30	0,38	0,37	0,22	0,35	0,32
- Frei wählbar	0,63	0,44	0,47	0,50	0,50	0,50
= Ferkelverluste in %	11,1	10,7	10,8	10,8	12,9	12,4
Ferkel pro Sau/Jahr						
leb. geborene Ferkel	27,99	31,61	30,89	27,49	31,21	30,33
Abgesetzte Ferkel	25,72	27,82	27,40	25,37	26,87	26,51

Übersicht 5: Reproduktionsleistung von Sauen (SUISAG 2019, Seite 7

2.4 Die Krux mit den vielen geborenen Ferkeln

Lange Zeit wurde von wissenschaftlicher Seite gelehrt, dass es ziemlich aussichtslos ist, deutliche Erfolge in der Steigerung der lebend geborenen Ferkel wegen zu niedriger Heritabilität zu erzielen. Nichtsdestotrotz haben es die am Markt tätigen Zuchtunternehmen geschafft, die Zahl der lebend geborenen Ferkel in den letzten Jahrzehnten deutlich zu steigern. So sind Sauenherden mit durchschnittlich mehr als 16 lebend geborenen Ferkeln zum Alltag geworden. Auch Würfe über 20 Ferkel sind nicht selten. Die großen Fortschritte im Management solcher Würfe in Verbindung mit entsprechender Haltung, Fütterung und Hygiene machen es möglich, auf diese Weise in Spitzenbetrieben 30-35 Ferkel je Sau und Jahr abzusetzen. Aber auch in der Mittelklasse wird annähernd die Zahl 30 erreicht.

Bei sehr großen Würfen kann die Versorgung der Ferkel mit ausreichender Kolostralmilch defizitär werden. Einerseits bekommen die in großen Würfen zuletzt geborenen Ferkel weniger Immunoglobuline mit auf ihren Lebensweg als die zuerst geborenen Ferkel. Andererseits verteilt sich die endliche Menge an Kolostralmilch auf eine große Zahl an Ferkeln.

Darüber hinaus legen Praxiserfahrungen nahe, dass in Ferkelerzeugerbetrieben mit hohen Ferkelzahlen der Konkurrenzdruck am Gesäuge dazu führt, dass Ferkel zurückbleiben können. Solche während der Säugezeit benachteiligten Ferkel üben aggressives Verhalten ein, was sich bis in die Mast durchziehen kann in der Neigung zum Schwanzbeißen.

Sehr hohe Zahlen an lebend geborenen Ferkeln sind nur für besonders ambitionierte Ferkelerzeuger ein gangbarer Weg. Mit dem Einsatz von künstlichen und oder natürlichen Ammen und hohem Arbeitsaufwand können sie die Saugferkelverluste in einem Bereich von ca. 15% stabilisieren. Dagegen ist es für Betriebsleiter mit deutlichem Kostenbewusstsein vorteilhafter, mit Wurfzahlen von ca. 13 bis 14 lebend geborenen Ferkeln zu arbeiten.

2.5   Die freie Abferkelung erfordert einige Anpassungen
In der Zucht

- Die in den letzten Jahrzehnten starke Gewichtung der lebend geborenen Ferkel haben die Zuchtunternehmen schon weitgehend zugunsten der Zahl der abgesetzten Ferkel geändert. Für deutliche Erfolge sind jedoch ziemlich lange Zeiträume erforderlich. Außerdem führt Konkurrenz zwischen den Zuchtfirmen dazu, dass sie aus nachvollziehbaren Gründen eher dem Spitzenferkelerzeuger ein Hochleistungstier liefern möchten als das weniger hoch veranlagte, dafür aber robustere Tier für den durchschnittlichen Sauenhalter. Einen Lösungsansatz bieten getrennte Zuchtziele je nach Abnehmer bzw. Anforderung.
- Auf jeden Fall wird ein größeres Gewicht darauf zu legen sein, den Anteil an leichtgewichtigen Ferkeln möglichst gering zu halten.

- Es gibt aber auch derzeit schon Zuchtunternehmen, denen es gelungen ist, ihre Zuchtarbeit an die freie Abferkelung anzupassen. Dies gilt für Länder wie die Schweiz, Norwegen und Schweden, die schon vor vielen Jahren die freie Abferkelung gesetzlich vorgeschrieben haben.
- In Ökobetrieben ist die freie Abferkelung schon seit 30 Jahren eingeführt, jedoch hat bisher mangels Nachfrage in größerem Umfang zu wenig gezielte Selektion auf Sauen mit den erforderlichen Muttereigenschaften stattgefunden.

In der Fütterung

- Auch die Fütterung kann zur Verringerung der Ferkelverluste beitragen. Dies gilt insbesondere im Hinblick auf die Erzielung von hohen Geburtsgewichten und möglichst gleichmäßigen Ferkeln durch gezielte Fütterungsmaßnahmen in der Hochträchtigkeit.
- Darüber hinaus ist Milchfieber möglichst zu vermeiden, um die Versorgung der Neugeborenen mit Kolostralmilch sicherzustellen.

In der Haltung bzw. dem Stallbau
- Die Buchtengestaltung muss den unterschiedlichen Ansprüchen von Sau und Ferkeln entsprechen. Dies bezieht sich insbesondere auf die Buchtenform mit abgetrennten Funktionsbereichen für Liegen und Koten und der Nestanordnung bzw. -form.
- Die unterschiedlichen Temperaturanforderungen für Sau und Ferkel verdienen besonderes Augenmerk.
- Entsprechendes gilt auch für die Bodengestaltung.

Im Management
- Das Augenmerk und der Umgang mit den Sauen verlangen ein hohes Maß an Können. Sauen - erst recht solche verschiedener Genetik - können in ihrem Temperament sehr unterschiedlich sein, was vom Stallpersonal beachtet werden muss.

- Rechtzeitiges Eingreifen bei absehbaren Fehlabläufen durch Maßnahmen wie Wurfausgleich, Einstreumanagement, usw. tragen wesentlich zur Senkung von Saugferkelverlusten bei.

2.6 Spielräume nutzen und Grenzen akzeptieren

Seit vielen Jahren wird an Alternativen zur Haltung der säugenden Sauen in Kastenständen experimentiert. So gibt es eine kaum überschaubare Zahl von baulichen Lösungen. Jeder Stalleinrichter hat sein eigenes Konzept. Diese Vielfalt an Buchtenformen gereicht nicht immer zum Segen der Ferkelerzeugung. Sie kann auch eher Ausdruck einer Art von Hilflosigkeit auf der Suche nach dem optimalen System angesehen werden. Ein Großteil der sehr verschiedenen Buchtenangebote mit freier Abferkelung hat folgende Schwachstellen:

- Unter dem Hinweis auf die Investitionskosten versucht man von vornherein das Platzangebot so gering wie möglich zu halten. Dabei werden die Anforderungen von Seiten der Tiere und die der Arbeitswirtschaft zu wenig berücksichtigt.
- Häufig wird zu wenig beachtet, dass die Umstellung auf freies Abferkeln ein vielschichtiger Prozess ist, bei dem Stallbau, Genetik, Management und Fütterung ihren Beitrag leisten müssen.
- Trotz aller berechtigter tierethischer Bedenken ist daran zu erinnern, dass für Sauen aus ihrer evolutionären Entwicklung heraus eher das Überleben von wenigen, aber sehr fitten Ferkeln Selektionsvorteile hat als sehr viele weniger fitte Tiere.
- Last but not least ist der Weg zum freien Abferkeln ein Prozess, der einen langen Atem mit viel Aufmerksamkeit und Fachkenntnissen braucht, aber unumkehrbar ist.

3   Das Verhalten von Schweinen = Planungsgrundlage

Nur freies Abferkeln eröffnet den Sauen die Möglichkeit, das auch in der vorangehenden Lebenszeit eingeübte Verhalten weiter auszuüben: Die Funktionsbereiche für Fressen, Liegen und Koten/Harnen weiter auf verschiedene Buchtenbereiche zu verteilen. Stallplaner müssen sich deshalb überlegen, in welcher Beziehung diese Bereiche zu einander stehen. Erfolgreich sind diese Bemühungen nur dann, wenn sich das Tier mit seinem Verhalten auch planungsgemäß verhält. Den Sauen im Kastenstand wird dagegen ein nicht durchführbares Verhalten gestattet.

Was zählt zu den wichtigsten Verhaltensweisen der Schweine? Unter intensiven Haltungsbedingungen sind viele charakteristische Verhaltensweisen wie Wühlen, Nestbau oder Suhlen nicht möglich, weshalb sie manchem Ferkelerzeuger oder Planer nicht gegenwärtig sind. Die Beschreibung des Verhaltens ist nach sogenannten Funktionskreisen gegliedert. Jeder Funktionskreis fasst die verschiedenen Verhaltensweisen zusammen, die einer gemeinsamen Funktion, zum Beispiel dem Sozialverhalten dienen.

Die acht Funktionskreise mit ihren dazugehörigen Verhaltensweisen	
Funktionskreis	Prüfkriterien für die arteigenen Verhaltensweisen von tragenden Sauen
Sozialverhalten	- Soziale Aktivitäten (freundliche und feindliche Interaktionen, soziale Körperpflege) - Festlegung einer Rangordnung - Rückzugs- und Ausweichmöglichkeiten - Synchronität des Verhaltens
Ernährungs-verhalten	- Individuelle Fress- und Trinkzeiten, Tagesrhythmus - Tränke- und Fressplatzgestaltung - Synchronität des Fressverhaltens - Verhaltensabweichungen, z. B. Leerkauen
Ruheverhalten	- Individuelle Liegezeiten (z. B. Gesamtdauer, Dauer der Liegephasen) - Abliege- und Aufstehverhalten - Liegepositionen (z. B. Seitenlage, Bauchlage)

	-	Beschaffenheit und Dimensionierung der Liegefläche (z. B. Abmessungen, Wärmeleitfähigkeit, Rutschfestigkeit, Trockenheit, Hygiene)
	-	Synchronität im Liegeverhalten
Ausscheidungs-verhalten	-	Funktionale Trennung des Kot-/Harnbereiches vom Liege- und Fressbereich
Beschäftigungs-verhalten	-	Möglichkeiten und Häufigkeit der Ausübung (Sozial-, Bewegungs- und Objektspiele)
Erkundungs-verhalten	-	Möglichkeiten und Häufigkeit der Ausübung (z. B. Reizangebot, Raumstruktur, Bodengestaltung)
Fortbewegungs-verhalten	-	Möglichkeit der Ausübung (z. B. Platzangebot)
	-	Bodengestaltung (z. B. Rutschfestigkeit und Trittsicherheit, Trockenheit und Sauberkeit)
Komfort-verhalten	-	Scheuereinrichtungen, Platzangebot
	-	Möglichkeiten der Thermoregulation

Übersicht 6: Die acht Verhaltens-Funktionskreise (TROXLER, J., Wien)

3.1   Kleine Verhaltenskunde für Leser mit wenig Zeit

Ställe funktionieren nur dann zufriedenstellend, wenn die Grundbedürfnisse der Sauen beim Stallbau berücksichtigt werden. Die folgenden 8 Anforderungen sollte jeder Schweinestall erfüllen:

1. Die Futteraufnahme nimmt im Tagesverlauf der Schweine einen sehr hohen Stellenwert ein, weshalb dafür genügend Platz, Zeit und Sicherheit eingeräumt werden muss.

2. Schweine sind saubere Tiere, weshalb sie Kot- und Liegebereich trennen. Man muss deshalb dafür sorgen, dass sie nicht in unmittelbarer Nähe oder über dem Dunst ihrer Exkremente ruhen müssen.

3. Schweine sind sehr aufmerksame, neugierige und aktive Tiere. Sie brauchen täglich frisches Material zur Beschäftigung und Erkundung.

4. Schweine können nicht schwitzen, weshalb man bei hohen Außentemperaturen Abkühlungsmöglichkeiten, zum Beispiel in Form von kühlen Betonflächen, Duschen oder Suhlen anbieten muss.

5. Schweine können große Teile ihres Körpers nicht selbst zur Körperpflege erreichen: Es müssen deshalb Scheuermöglichkeiten zur Verfügung gestellt werden.

6. Schweine haben mit 28°C die gleiche Hauttemperatur wie der Mensch. Liegeflächen müssen dieser Anforderung genügen.

7. Schweine verbringen mit täglich ca. 15 Stunden die meiste Lebenszeit mit Ruhen. Die Anforderungen an den Liegebereich sind deshalb für Gesundheit und Leistung der Schweine besonders wichtig.

8. Schweine sind tagaktive Tiere, weshalb man sie nachts und auch in den Ruhezeiten tagsüber in Ruhe lassen sollte.

3.2 Funktionskreis Sozialverhalten

Von den acht Funktionskreisen gehören die ersten vier für Planungen zu den wichtigsten, weshalb sie nachstehend näher beleuchtet werden. Der erste Funktionskreis Sozialverhalten hat eine Schlüsselstellung. Schweine haben eine sehr starke soziale Bindung, was sich daran zeigt, dass alle Aktivitäten gemeinsam begonnen und beendet werden. Das Zusammenleben in kleinen Gruppen spielt für das Wohlbefinden der Schweine eine wichtige Rolle. In der Natur leben die Tiere in Rotten zusammen. Eine Rotte besteht aus mehreren Bachen mit ihren Frischlingen. Sobald die Rotte mit etwa 30 Tieren zu groß wird, teilt sich die Gruppe und ein Teil muss sich ein neues Revier erschließen.

Da die Rangordnung in der Regel altersabhängig ist, hat meist das älteste Tier mit der meisten Erfahrung die Führungsposition. Zur Festlegung der Rangordnung ist – wenn das Schwein nicht von vornherein die Flucht ergreift – ein agonistisches Verhalten wie Drohen oder Kampf erforderlich. So werden weitere Rangauseinandersetzungen zu einem späteren Zeitpunkt überflüssig, weil der Gegner geruchlich identifiziert wird. Schweine gehen – wenn immer möglich – Auseinandersetzungen aus dem Wege. In stabilen Gruppen geschieht dies durch Unterlegenheitsgebärden bzw. Ausweichen der rangtieferen Tiere. Die in der Ferkelerzeugung übliche Neugruppierung von Tieren ähnlichen Alters und Gewichts widerspricht der natürlichen Sozialstruktur von Schweinen und konnte im Lauf der letzten 9.000 Jahre, in denen das Schwein den Menschen begleitet, nicht gelernt werden. Deshalb ist es nicht verwunderlich, dass beim Zusammenführen von einander fremden Tieren zum Teil erbitterte Kämpfe zu gravierenden Verletzungen führen können. Dies gilt umso mehr, wenn das Platzangebot beengt ist, da unterlegene Tiere nicht fliehen können. Im Vergleich zur Stallhaltung umfasst der Lebensraum einer Rotte mehrere hundert Hektar.

3.2.1   Wurfplatzsuche und Nestbau

Kurz vor der Geburtsphase sondern sich Sauen von der Gruppe ab: Es kommt zur Wurfplatzsuche. Der Nestbau und die Geburt werden von Rottemitgliedern – wenn aus räumlichen Gründen irgendwie möglich – in gebührendem Abstand respektiert. So verlaufen Abferkelungen in reichlich eingestreuten Warteställen in aller Regel problemlos.

Abb. 1: Sau sammelt Stroh für den Nestbau

Abb. 2: Unbehelligtes Abferkeln im Wartestall

3.3   Funktionskreis Ernährungsverhalten

Zu lange hat man vornehmlich aufgrund arbeitsrationeller Gesichtspunkte Schweineställe gebaut. Tierartspezifische Besonderheiten wie langsames Fressen mit ausreichender Einspeichelung werden immer noch nicht ausreichend berücksichtigt.

3.3.1   Schweine sind keine Schnellfresser

Eine Belastung für den Magen-Darmtrakt wird durch zu schnelles Fressen bei Flüssigfütterungen verursacht. Bei Aufnahme großer Mengen an Futtersuppe in nur wenigen Minuten mangelt es an der ausreichenden Einspeichelung und es fehlt am Abarbeiten des Beschäftigungsverhaltens.

3.3.2   Nur mit einem funktionellen Darm ist ein Schwein gesund

Der Darm nimmt die Nahrung auf und verdaut sie mit Hilfe von Verdauungsenzymen. Unverdaute Reste des Nahrungsbreies werden ausgeschieden mit samt toxischer Substanzen, die ansonsten den Organismus mehr oder weniger schnell "vergiften" würden. Insofern muss der Darm als "Auge des Körpers" entscheiden, was über die Darmschranke in den Körper eindringen darf und was nicht. Dafür steht ein komplizierter Abwehrmechanismus in Form der Schleimhautepithelzellen zur Verfügung. Zusätzlich sind Magensäure, Gallenflüssigkeiten und Verdauungsenzyme an diesem Schutz beteiligt. Die sogenannte "Darmperistaltik" bewegt den "Brei" weiter. Dabei ist auch die optimale Geschwindigkeit entscheidend. Bei zu hoher Passageschwindigkeit tritt Durchfall und bei zu geringer Verstopfung auf. Im letzteren Fall können sich toxische Substanzen und Krankheitskeime leicht ansiedeln. Sauen im Abferkelstall brauchen nicht nur Kraftfutter sondern in Fortführung der Fütterung aus der Tragezeit auch für Dickdarmbakerien verdauliche rohfaserreiche Nährstoffe. Stroh kann diese Aufgabe nur in sehr beschränktem Umfang erfüllen.

3.4   Funktionskreis Ruheverhalten

Schweine ruhen bzw. schlafen während 13 bis 16 Stunden des Tages. Der größte Teil der Ruhezeit (ca. 11 Stunden) wird in der Nachtzeit verbracht. Eine zweite Ruhephase von 2 bis 5 Stunden findet in der Mittagszeit statt. Da die Tiere in den Ruhephasen direkten Kontakt zum Stallfußboden haben, besteht ein enger Zusammenhang zwischen der Gestaltung der Liegeflächen und der Gesundheit und damit der Leistungsfähigkeit der Sauen.

3.4.1   Vier Anforderungen an optimale Liegeflächen

1. Sie sollten stand- und rutschsicher sein, damit Verletzungen durch Ausgrätschen zum Beispiel beim Harnabsetzen vermieden werden.
2. Verletzungsträchtige Kanten wie sie oft an Übergängen von planbefestigten zu perforierten Flächen oder Ausläufen auftreten, verdienen die besondere Aufmerksamkeit bei der Planung.

3. Liegeflächen sollten immer etwas eingestreut sein. Dadurch lässt sich einerseits die punktuelle Belastung auf die Gliedmaßen etwas verringern und es kommt andererseits zu weniger Haut- und Klauenschäden, und Schleimbeuteln. Unvermeidliche Radiereffekte beim Schwungholen zum Aufstehen sowie beim Ausgleiten zum Abliegen werden bereits durch geringe Einstreu weniger.

4. Bezüglich der thermophysikalischen Eigenschaften müssen Sauen mindestens zwei Böden mit unterschiedlichem Wärmeverhalten angeboten werden, wobei ein Boden die Temperatur von 28°C aufweisen sollte.

3.5 Funktionskreis Ausscheidungsverhalten

Durch die Einführung der strohlosen Haltung in Verbindung mit der Flüssigentmistung hatten die Planer scheinbar ein großes Problem aus der Welt geräumt: Sie mussten sich nicht mehr damit befassen, wo Schweine Kot und Harn absetzen. Doch die Herausforderungen der Gegenwart und Zukunft von Seiten der Tiergesundheit, Vermarktung, Energieersparnis, des Umweltschutzes und dem Zwang zur Wirtschaftlichkeit stellen die Frage des Ausscheidungsverhaltens neu zur Diskussion: Wie ist der Stall bei planbefestigten oder teilperforierten Böden zu strukturieren, damit die Tiere die vorgesehenen Kotbereiche planungsgemäß nutzen? Die Beantwortung dieser Frage ist komplex. Das natürliche Verhalten der Schweine muss mit der Stalltechnik im Hinblick auf Fütterung, Entmistung, Klimatisierung, usw. in Einklang gebracht werden. Die Angst vor einem Scheitern bei dieser Aufgabe ist verständlicherweise groß. Zu viel schlechte Erfahrungen wurden in Teilspaltenställen mit verschmutzten Flächen gesammelt. Saubere Tiere sind für die Stallluft und die Arbeitsqualität gleichermaßen von Vorteil. Die Funktionssicherheit eines Stallsystems steht im Zusammenhang mit der Tiergesundheit und den Produktionsleistungen.

Planbefestigte und wärmegedämmte Liegeflächen sind ganz klar zu bevorzugen. Wie solche Flächen über das ganze Jahr hinweg sauber bleiben, haben findige

Landwirte gut gelöst. Wer auf Einstreu nicht verzichten möchte, kann auf gängige Technik beim Einstreuen und Entmisten zurückgreifen. Nachteil ist der Umstand, dass diese Verfahren in Neubauten wesentlich einfacher eingesetzt werden können, als in winkligen Umbauten.

3.5.1   Wo koten Sauen?

Schweine unterscheiden grundsätzlich zwischen Kot- und Liegebereich. Dies gelingt umso eher, je unterschiedlicher die Boden- und Buchtenstruktur zwischen beiden Aufenthaltsbereichen ist:

- Kotbereiche werden bevorzugt an feuchten Stellen angelegt.
- Sie sind eine Art Grenzmarkierung zu den Artgenossen in der Nachbarbucht.
- Kotbereiche werden in gebührendem Abstand zum Fress- und Liegebereich eingerichtet. Dieser Abstand ist keine feste Größe, sondern hängt von der Temperatur im Liege- und Aktivitätsbereich, der Luftgeschwindigkeit im Auslauf, vom Gesundheitszustand der Sauen, usw. ab. Grundsätzlich sind gesunde Sauen bewegungsaktiver und gehen längere Wege. Sie unterscheiden deutlich zwischen Kot- und Liegefläche.
- Ein weiterer Faktor für die Annahme des Kotbereiches ist die Unterstützung des Verhaltens durch die Buchtengenossinnen.
- Generell werden dort Kotbereiche eingerichtet, wo aus Sicht des Tieres andere wichtige Verhaltensweisen wie zum Beispiel Liegen, Fressen, Beschäftigen nicht durchgeführt werden können.

3.5.2   Der Charme planbefestigter Lauf- und Liegeflächen

Planbefestigte Liege- und Laufflächen haben im Vergleich zu perforierten Böden eine Reihe von Vorteilen:

- Das Verletzungsrisiko für Klauen und Beine ist bedeutend niedriger. Sauen mit stabilem Fundament zeichnen sich durch geringere Saugferkelverluste aus.

- Durch den Wegfall von Kanälen ist eine erhebliche Baukostenersparnis möglich. Die AwSV (Verordnung über Anlagen zum Umgang mit wassergefährdenden Stoffen) ist ein starker Kostentreiber.
- Es kann so viel Einstreu- und Beschäftigungsmaterial verabreicht werden wie erforderlich – ohne Beachtung der Fließeigenschaften der Gülle.

Abb.3: Leichtes Entmistungsgerät für jeden 2. Tag

4 Merkmale der KW-Abferkelbucht

Die KW-Abferkelbucht ist seit 2017 im Einsatz. Zwei Varianten stehen zur Verfügung: Mit innenliegendem Kotbereich für konventionelle Betriebe oder mit Auslauf für Ökobetriebe.

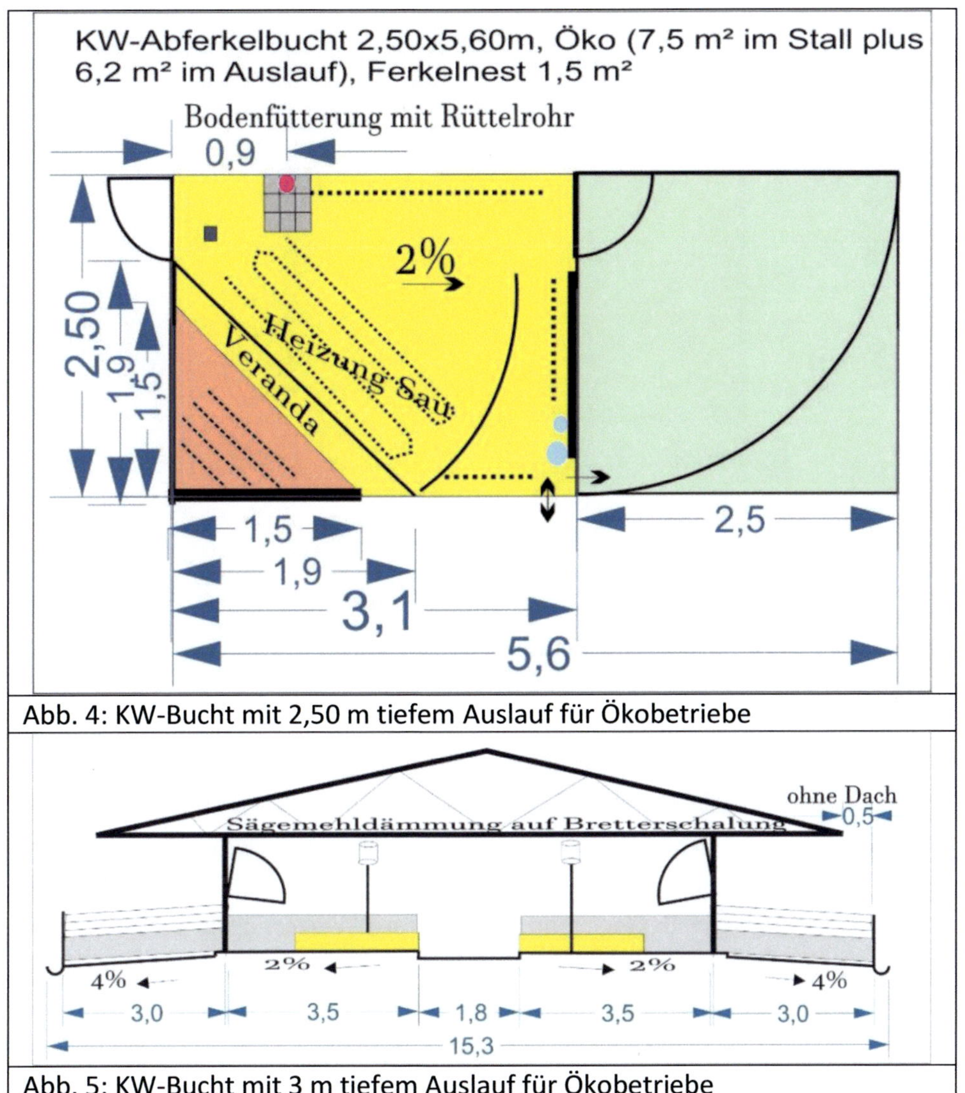

Abb. 4: KW-Bucht mit 2,50 m tiefem Auslauf für Ökobetriebe

Abb. 5: KW-Bucht mit 3 m tiefem Auslauf für Ökobetriebe

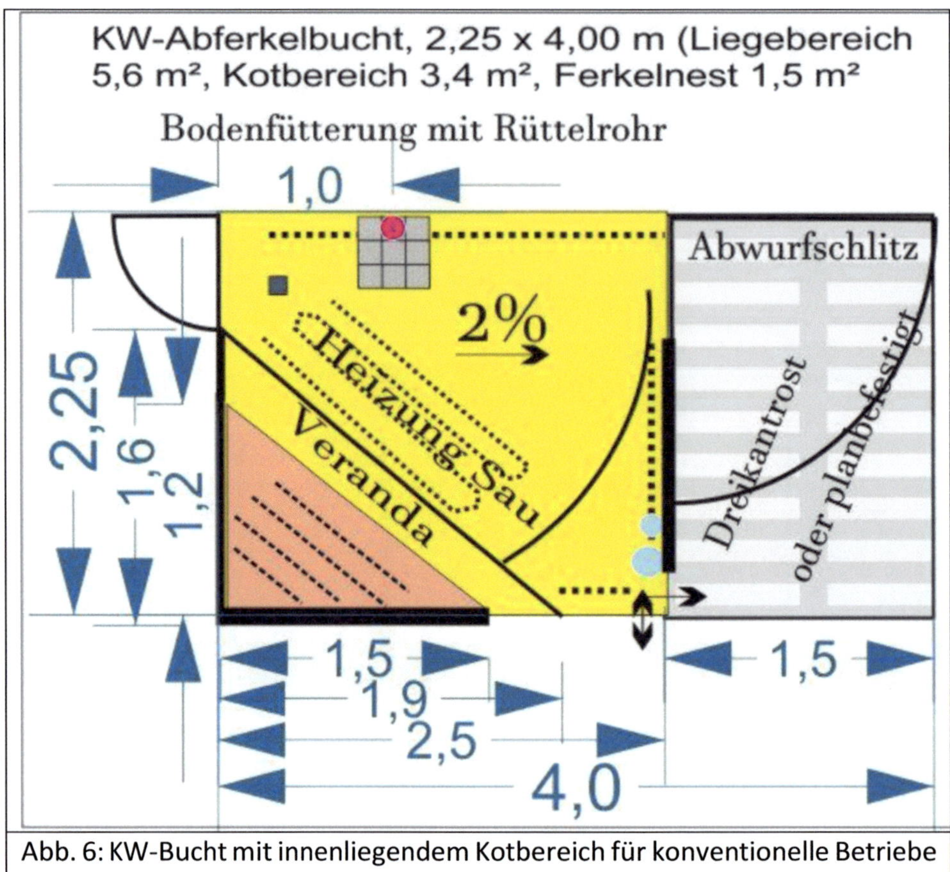

Abb. 6: KW-Bucht mit innenliegendem Kotbereich für konventionelle Betriebe

Die KW-Bucht ist das Ergebnis 60-jähriger Erfahrungen und Beobachtungen säugender Sauen in Praxisbetrieben. In erster Linie ist die Sau der „Baumeister" dieser Bucht mit ihren Ansprüchen. Sie sind in Einklang zu bringen mit den Erfordernissen der Ökonomie, insbesondere der Arbeitswirtschaft. Last but not least sind auch ökologische Belange und eine höhere Wertschöpfung aus der Vermarktung zu berücksichtigen. Die KW-Bucht lässt sich durch die folgenden 23 Merkmale beschreiben:

4.1   Platzangebot: 9 m² bzw. 13,6 m²

Herausforderung 1: Das Muttertier soll in allen wesentlichen Verhaltensabläufen nicht behindert sein. Saugferkelverluste sind möglichst niedrig zu halten, die Sauberkeit des Liegebereiches ist sicherzustellen für optimale Arbeitsabläufe.

Antwort der KW-Bucht: Die Trennung von Liege- und Kotbereich gelingt nur entscheidend, wenn sich zwischen beiden Bereichen eine Wand befindet. Das ist die Grundvoraussetzung dafür, dass der Liegebereich sauber bleibt und dadurch wenig Arbeit verursacht und die Gesäuge sauber bleiben. Da sich die Sauen im Liege- und Kotbereich bewegen können , müssen, hat die KW-Bucht in der konventionellen Variante einen Liegebereich in der Größe von 2,25 m x 2,50 m = 5,6 m² plus einen Kotbereich in der Größe von 2,25 m x 1,50 m = 3,4 m². In der Summe ergibt das ein Mindestplatzangebot von 9,0 m².

Internationale Erfahrungen: Vor Einführung der freien Abferkelung im Jahr 1972 wurde in Schweden über das erforderliche Platzangebot geforscht mit folgendem Ergebnis: Aus ethologischen, gesundheitlichen und arbeitswirtschaftlichen Gründen brauchen Buchten in der freien Abferkelung mindestens 7,5 m². Bei geringerem Platzangebot ist mit deutlichen Nachteilen zu rechnen. Der Deutsche Tierschutzbund schreibt in seinem Premiumprogramm ebenfalls dieses Platzangebot von 7,5 m² vor. In den letzten 50 Jahren sind aber die Sauen größer geworden und die Leistungsanforderungen gestiegen. Bei deutlicher Buchtenstrukturierung durch eine Wand zwischen Liege- und Kotbereich – eine Grundvoraussetzung für das Funktionieren der freien Abferkelung – können deshalb 9 m² Gesamtfläche nicht deutlich unterschritten werden. Dies gilt erst recht bei der Vorgabe, dass der Liegebereich nicht nur bei der Geburt zum Nestbau sondern auch noch danach eingestreut sein muss. Die Vorgaben in Ländern wie Deutschland, Österreich und Dänemark, mit einem Platzangebot von 5,5 – 6,5 m² je Bucht auszukommen, können nicht nachvollzogen werden.

Anmerkungen zu ökologischen Vorgaben: In der ökologischen Variante müssen gesetzlich im Stall 7,5 m² (2,50 m x 3,10 m) angeboten werden. Hinzu kommt noch der Auslauf von 2,50 m x 2,50 m = 6,2 m². Gesetzlich sind zwar nur 2,5 m² vorgeschrieben, die jedoch nicht ausreichen, wenn die Sau im Auslauf unterscheidbare Bereiche für Koten/Harnen und Liegen haben soll. Sie könnte sich in einem nur 1,14 m tiefen Auslauf nicht einmal umdrehen, so dass für den Gang in den Auslauf und zurück separate Türen für Ausgang und Eingang erforderlich wären.

4.2   Sommer- und Winterstall

Herausforderung 2: Säugende Sauen stellen mit ihren Ferkeln sehr unterschiedliche Anforderungen an die Umgebungstemperatur:

- Während der Geburten sollte im Stall eine Mindesttemperatur von 22°C gegeben sein, wenn keine Abdeckungen im Sauenliegebereich vorgesehen sind.
- Bereits nach der Geburt sind dagegen wesentlich niedrigere Temperaturen um 10-15°C sehr förderlich, um die Ferkel zum Aufsuchen des warmen Nestes anzuregen.
- In der Mitte der Laktation um die 3. Woche reichen 5°-10° C zum Wohlbefinden der Sau aus.

Wie passen Außenklima- und Warmställe zu diesen unterschiedlichen Anforderungen? Warmställe passen in der kalten Jahreszeit, insbesondere auch während der Geburten vorzüglich. Dagegen kann es für säugende Sauen in sommerlichen Hitzeperioden mitunter problematisch sein, wenn keine Einrichtungen zur Verminderung der Wärmebelastung vorgesehen sind.

Andererseits haben Sauen in Außenklimaställen bei hohen Außentemperaturen mehr Abkühlmöglichkeiten, während sie ihrem Nachwuchs bei niedrigen Außentemperaturen während der Geburt und den ersten Lebenstagen wenig Gefallen tun. So ist es nicht verwunderlich, dass in Außenklimaställen Abdeckungen über dem Sauenliegebereich nötig sind. Man kann sich aber leicht vorstellen, dass solche Abdeckungen die Übersicht beim Stalldurchgang erschweren. Außerdem fühlen sich Sauen gestört und ändern eher Liegepositionen, wenn zur Kontrolle Abdeckungen mit mehr oder weniger Begleitgeräuschen hochgefahren werden.

Antwort der KW-Bucht: Das Dach muss auf jeden Fall gedämmt sein mit z.B. Sandwichpaneelen. Bei Pultdächern und zwei Mittelstützenreichen links und rechts des Kontrollganges verwendet man aus statischen Gründen eine stärkere Dämmung von 6-10 cm. Die Methode der Wahl sind freitragende Konstruktionen mit Nagelbindern. Die Unterseite wird mit Brettern verschalt und darauf mit Sägemehl gedämmt. Seiten- und Giebelwände werden mit Kerndämmung oder 10 cm Vollholz erstellt. Der Aufwand für die Dämmung hängt erstens vom Standort des Betriebes ab (Höhenlage, Windexposition) und von den Kosten für die Bereitstellung der Heizenergie. So brauchen Betriebe, in denen kostengünstige Wärme aus einer Biogas- oder Hackschnitzelanlage zur Verfügung steht, keine gedämmten Stallwände. Für die wenigen Tage um die Geburten kann trotzdem eine Stalltemperatur von ca. 22°C geboten werden. Die sehr knapp bemessenen Dämm-Maßnahmen beruhen darauf, dass die Stalltemperaturen in Ställen mit KW-Buchten mit Ausnahme um die Geburten herum wesentlich niedriger als in konventionellen Ställen gefahren werden. Außerdem haben Ställe mit Ausläufen ohnehin auf beiden Seiten sehr viele Öffnungen (Auslauftür, Ferkelschlupf), die nicht gedämmt sind, so dass der Nutzen von gedämmten Stallwänden nicht im vollen Umfang zur Geltung kommt.

Wer Energie sparsam einsetzen die Stallwände auf jeden Fall dämmen. Mittel der Wahl sind kostengünstige, atmungsaktive Vollholzwände in der Stärke von 10 cm (Darüber mehr in Kapitel 9: Nachhaltige Baumaterialien). Die lichte Stallhöhe sollte auf ca. 2,20 m begrenzt sein. Letztendlich hängt die Stallhöhe bzw. Auslaufhöhe von der Größe des Hofschleppers für die Entmistung der Ausläufe ab.

Abb. 7: Zweireihiger Stall mit Pultdachkonstruktion

Abb. 8: Außenklimastall mit Buchtenabdeckungen

Abb. 9: Ställe mit KW-Buchten brauchen keine Buchtenabdeckungen

4.3   Stallklimatisierung

Herausforderung 3: Die Klimatisierung von Schweineställen gibt Antworten auf mehrere Fragen:

- Welchen Schadgasgehalten sollen Tiere und Personal im Stall ausgesetzt sein?
- Wie kann die Staubbelastung, die in Ställen mit Stroheinsatz höher ist, möglichst niedrig gehalten werden?
- Wie kann das Havarie-Risiko beim Ausfall der Stallklimaanlage begrenzt werden?
- Wie sind diese Anforderungen mit möglichst geringen Energiekosten zu bewerkstelligen?

Antwort der KW-Bucht: Man kann auf die Erfahrungen von frei belüfteten Ferkelaufzucht- und Mastställen zurückgreifen. Abferkelställe sind dafür wegen der geringen Stallbreite von weniger als 10 m und des relativ geringen Tierbesatzes je m² Stallfläche besonders geeignet.

Im besten Fall wird die Stalltemperatur thermostatisch gesteuert. Der Stall hat auf beiden Längsseiten Lüftungsklappen, die nach innen geneigt sind, so dass sie durch ihr Gewicht ins Stallinnere kippen. Bei sinkenden Außentemperaturen werden sie über einen Seilzug angezogen und ziemlich luftdicht verschlossen. Links und rechts von diesen Lüftungsklappen sind Vorbauten angebracht, so dass bei Mindestluftrate die Außenluft nur oberhalb der Lüftungsklappe in die Buchten gelangen kann. Die Lüftungsklappen bestehen außer einem Holzrahmen zum allergrößten Teil aus Vollholz oder einem anderen gedämmten Material.

Bei kompletter Öffnung der Lüftungsklappen in waagrechter Stellung, die zweimal täglich beim Stallrundgang erfolgen sollte, kann der Stall stoßgelüftet werden. Eine wichtige Maßnahme zur Verringerung des Staubgehaltes.

Abb. 10: Blick vom Stall auf die Lüftungs- und Belichtungsklappen

Abb. 11: Blick vom Auslauf auf die Lüftungs- und Belichtungsklappen

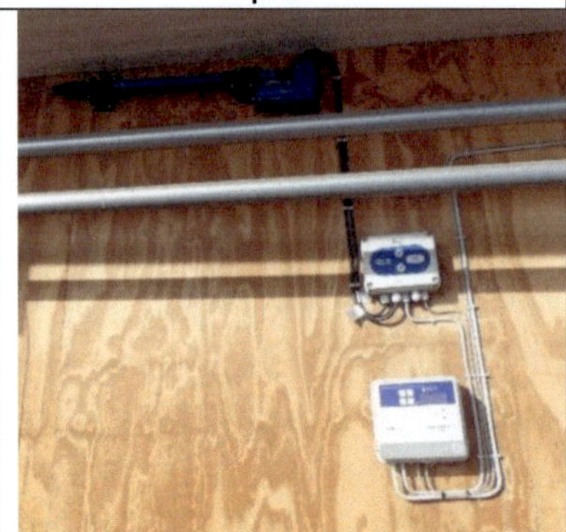

Abb. 12: Steuereinheit für die Lüftungsklappen

Abb. 13: Lüftungsöffnungen (60x100) mit Drehklappe

4.3.1 Stoßlüftung sicherstellen

Ziel ist ein möglichst rascher Luftaustausch während der Stallarbeiten. Dies kann nur mit sehr großzügigen Querschnitten gelingen. Diese werden bei der täglichen Tierkontrolle, beim Ein- und Ausstallen, beim Reinigen und ohnehin bei entsprechenden Außentemperaturen geöffnet.

Für die Öffnungen gibt es zwei grundsätzliche Ausführungsformen:

- Senkrechte Schieberwände, die links und rechts in Führungsschienen laufen und mit einem zentralen Zugseil bewegt werden. Nachteilig ist, dass sie sich in den Führungsschienen verklemmen können und dass die Abdichtung gegen Falschluft aufwendig ist.
- Lüftungsklappen sind nur unten mit einem Gummischarnier befestigt. Sie sind schräg angeschlagen, so dass sie durch das eigene Gewicht in den Stallraum abkippen bis maximal in die waagrechte Position. So müssen sie nur mit einem Zugseil nach oben gezogen werden. Besondere Vorteile sind die geringen zu bewegenden Gewichte und ein luftdichter Wandabschluss. Diese Lüftungsklappen können zugleich zur Belichtung des Stalles dienen. Zu bevorzugen ist jedoch die Belichtung über den oberen Türflügel in den Auslauf.

Was gilt es zu beachten:

- Für alle Techniken ist ein elektrischer Windenbetrieb erforderlich. Im Dauerbetrieb kann so einerseits thermostatisch die Stalltemperatur geregelt werden und andererseits kann im Handbetrieb stoßgelüftet werden. Manuell betriebene Lösungen mit Handkurbeln erfüllen im täglichen Betrieb nicht ihren Zweck.
- Der Querschnitt sollte möglichst groß sein: Bei KW-Buchten mit einem Rastermaß von 4,50 m und außenliegenden Auslauftüren mit je 50 cm Breite verbleiben für je zwei Buchten etwa 3 m lange Lüftungsklappen in der Höhe von ca. 1 m. Daraus errechnet sich im Vergleich zu Stallgrundfläche ein Lüftungsquerschnitt von ca. 14%.

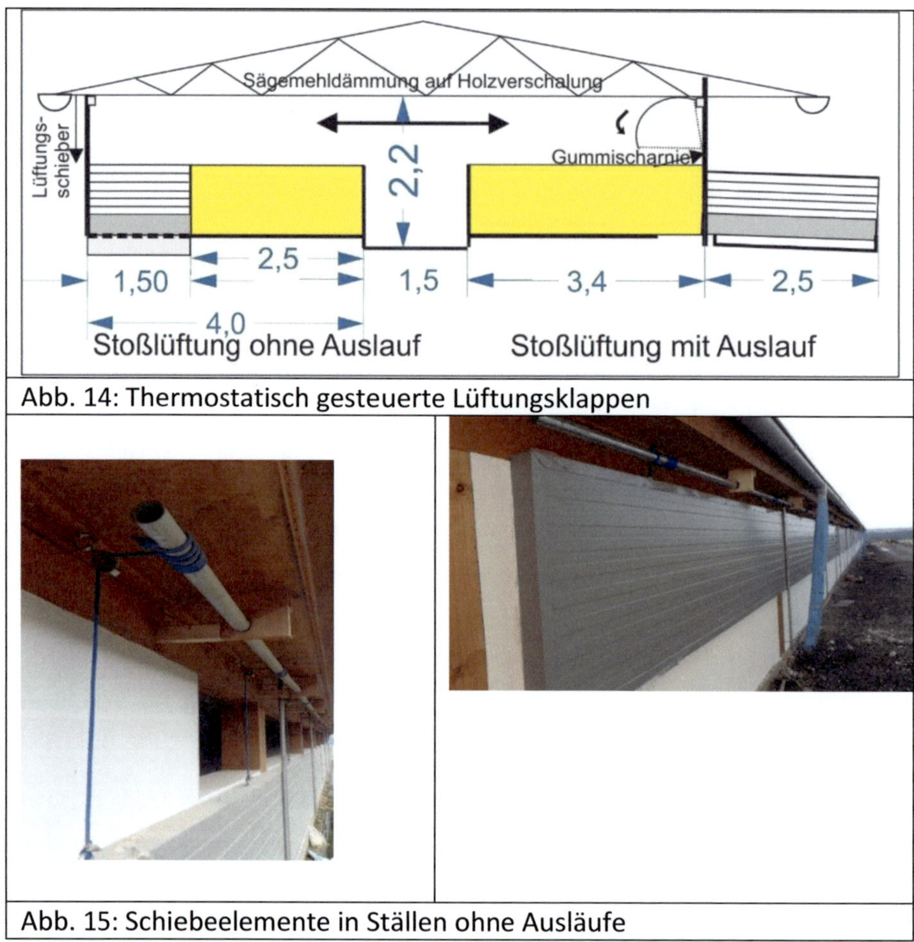

Abb. 14: Thermostatisch gesteuerte Lüftungsklappen

Abb. 15: Schiebeelemente in Ställen ohne Ausläufe

4.3.2   Dämm-Maßnahmen des Gebäudes und der Heizleitungen

Mit Ausnahme der wenigen Tage während der Abferkelungen mit Stalltemperaturen von 20-22°C, sind für das Gedeihen der Ferkel, die Fresslust der Sauen und
für die Luftqualität niedrige Temperaturen von ca. 10° anzustreben. In solchen
Niedertemperaturställen sind deshalb die Ansprüche an Dämm-Maßnahmen
ziemlich gering. So werden nur der Boden des Ferkelnestes und das Stalldach

gedämmt. Eine Vollholzkonstruktion von ca. 10 cm Wandstärke ist ausreichend bezüglich der Dämmung für die Trauf- und Giebelseiten.

Die Warmwasserleitungen werden in der Regel gedämmt, es sei denn, es steht überschüssige Energie z.B. aus einer Biogasanlage zur Verfügung. In diesem Fall ist der Stall vermehrt zu lüften, um die dadurch verursachte unnötige Erwärmung des Stalles bei hohen Außentemperaturen möglichst gering zu halten.

Abb. 16: Verzicht auf Dämmung der Heizleitungen	Abb. 17: In der Regel sind die Heizleitungen gedämmt

4.4 Wand- und Bodenheizung im Ferkelnest

Herausforderung 4: Ferkel haben in den ersten Lebenstagen sehr hohe, aber individuell auch unterschiedliche Temperaturansprüche. Bei einer Hauttemperatur neugeborener Ferkel von ca. 38°C darf die Nesttemperatur nicht darunter liegen, sonst heizen die Ferkel das Nest und nicht umgekehrt. Geringgewichtige bzw. unterkühlte Ferkel haben zeitweise einen Wärmeanspruch über 40°C.

Antwort der KW-Bucht: In der KW-Bucht ist eine Wand- und eine Bodenheizung installiert. Jeweils zwei spiegelbildliche Buchten teilen sich mittig eine Wandheizung. Vor dem Betonieren des Bodens stellt man eine 45 cm hohe und 130 cm lange Baustahlmatte in die Nestzwischenwand. Daran befestigt man die Warmwasserleitung in möglichst engen Schlaufen. Bei kühlen Temperaturen müssen die Leitungen bei der Verlegung erwärmt werden, damit sie eng gebogen werden können ohne den Leitungsdurchmesser einzuschränken. Den Rücklauf aus der Heizwand wird im Boden der beiden Ferkelnester verlegt.

4.4.1 Bodenaufbau in den Abferkelbuchten

1. Sauberkeitsschicht.
2. Einlegen der Dämmplatten für das Ferkelnest einschließlich Veranda in die Sauberkeitsschicht, so dass eine Ebene entsteht.
3. 2% Gefälle in Richtung Auslauf bereits in der Sauberkeitsschicht vorsehen.
4. Folie einbringen, damit der Beton kein Wasser verlieren kann.
5. Aufstellen der senkrechten Bewehrungen für die Heizwände.
6. Verlegen der Bewehrungen für den Boden.
7. Anbringung der Heizleitungen für die Wand- und Bodenheizung an die Bewehrung. In der Wand sind mindestens 4 besser 6 Heizleitungen (17 mm Außenmaß) vorzusehen. Der Rücklauf dieser Leitungen wird im Boden von Nest und Veranda verlegt. Die Temperatur wird über einen Durchlaufbegrenzer manuell gesteuert.
8. Die Heizleitungen müssen mit einem Mindestabstand von 5 cm zu den Außenkanten verlegt werden, damit Dübel für die Nestwand am Kontrollgang und den Nestdeckel komplikationslos gesetzt werden können.
9. Im Sauenliegebereich vor der Veranda werden 4 Heizleitungen im Abstand von ca. 25 cm verlegt. Mit einem Durchlaufbegrenzer können 4 Sauenliegebereiche geregelt werden.

Abb. 18: Werkzeug zum Biegen der Heizleitungen

Abb. 19: Verbindung von Endstücken möglichst in der Heizwand

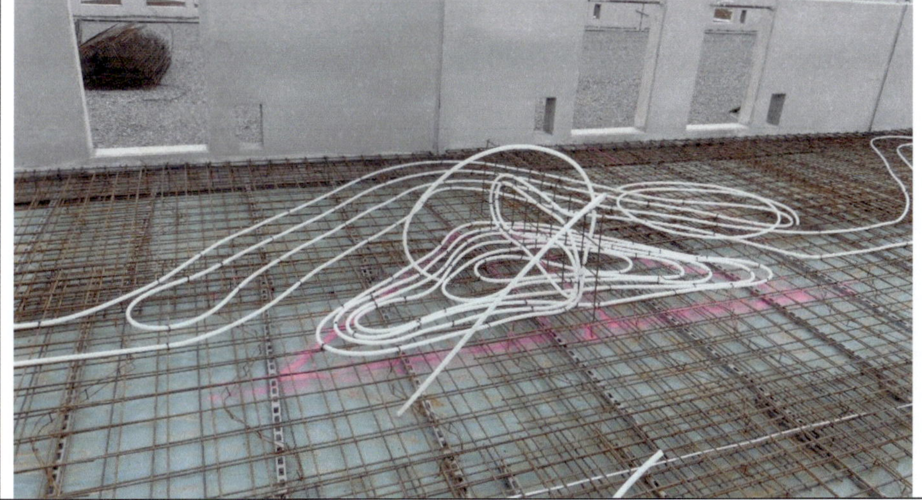

Abb. 20: Verlegung der Heizleitungen

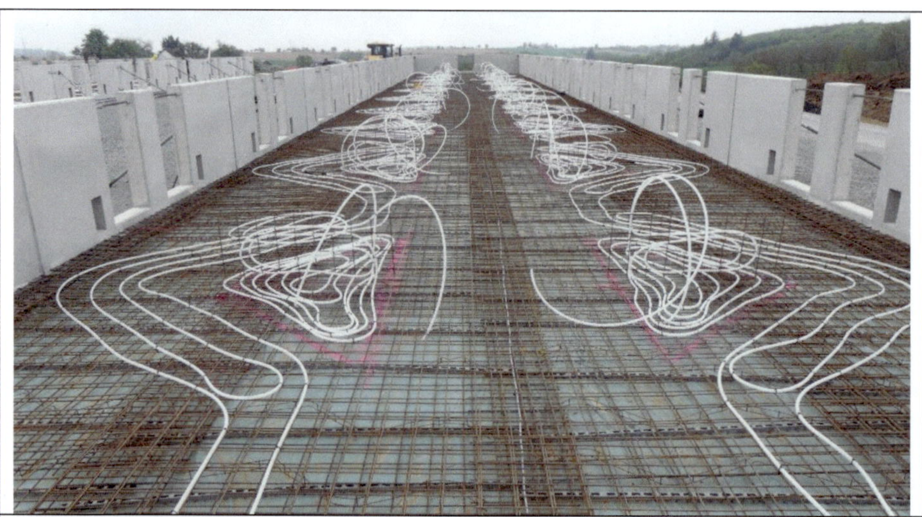

Abb. 21: Heizleitungen in einem Abferkelabteil

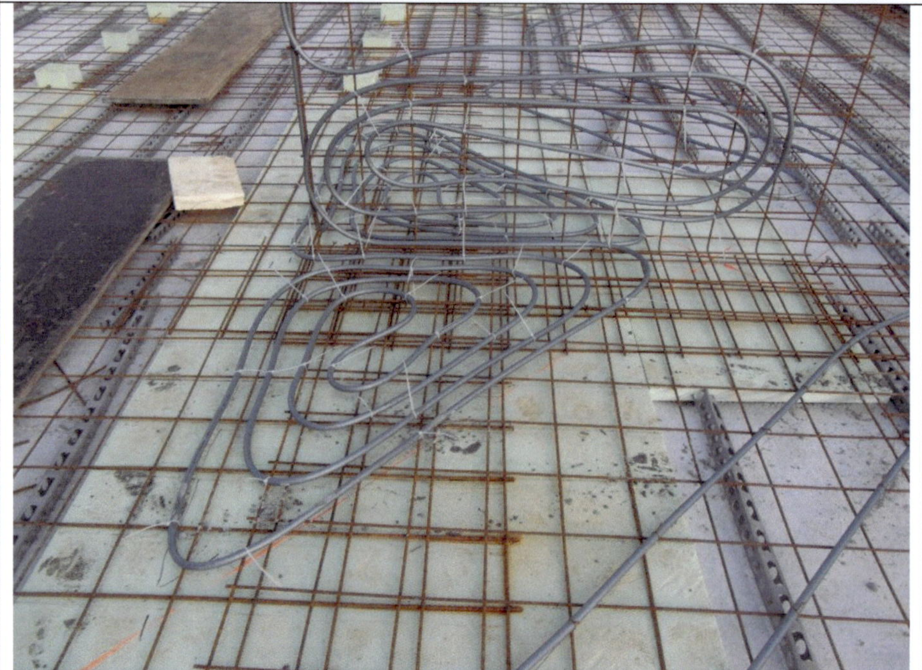

Abb. 22: Nur der Boden vom Nest und der Veranda ist gedämmt

Die Verlegung der Heizrohre muss fachmännisch ausgeführt werden. Bewährt hat sich das Tichelmann-System, bei dem die Rohre vom Wärmeerzeuger z. B. Heizkessel/Solaranlage zum Wärmeverbraucher und zurück in Ringverlegung so geführt werden, dass die Summe der Längen von Vorlaufleitung und Rücklaufleitung bei jedem Ferkelnest etwa gleich ist. Nestheizungen mit kurzem Vorlauf haben eine lange Rücklaufleitung und umgekehrt. Der Sinn dabei ist, dass alle Nestheizungen etwa gleichen Druckverlusten ausgesetzt sind und sich damit gleiche Volumenströme, d.h. gleiche Wärmeströme in den Ferkelnestern einstellen, auch wenn keine Regelventile verwendet werden. Dies bewirkt ein gleichmäßiges Erwärmen auch von weiter entfernt gelegenen Ferkelnestern.

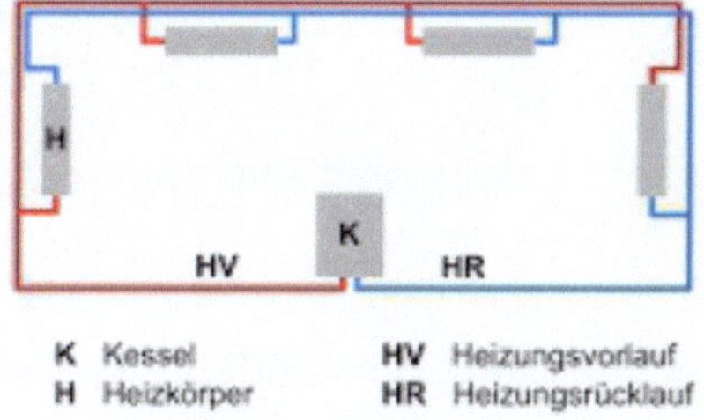

Abb. 23: Serienschaltung nach Tichelmann

Abb. 24: Füllung der Schalung für die Heizwand	Abb. 25: Fertig betonierte Heizwände

4.4.2   Anforderungen an die Heizleistung

Der Wärmebedarf der Ferkel darf nicht unterschätzt werden. Da Ferkel eine Hauttemperatur von ca. 38°C aufweisen, muss auch das Nest Temperaturkomfort in dieser Höhe bieten. Mit folgenden Anforderungen wird dies erreicht:

- Heizleistung 1 KW je KW-Bucht
- Heizkreis max. ca. 100-150 m lang, also maximal ca. 20 Buchten
- Heizleitungen mit Rohrdurchmesser außen 17 mm
- 3 Heizschleifen in der Wand, d.h. dreimal vor und zurück
- 2 Heizschleifen im Sauenliegebereich, d.h. zweimal vor und zurück
- Vorlauftemperatur bis Mischbatterie 60°C und ab Mischbatterie 50°C

4.5   Profilierung des Bodens

Herausforderung 5: Die Sauenliegefläche muss sehr unterschiedlichen Anforderungen genügen:

- Trittsicherheit für die Sau. Auch unter schwierigen Umständen z.B. bei schwergewichtigen bzw. schwerfälligen Sauen um den Geburtstermin. Das gilt auch bei feuchten, schleimigen Flächen, die bei der Geburt auftreten.

- Möglichst geringes Verletzungsrisiko bei den Ferkeln. Verletzte Karpalgelenke durch raue Oberflächen sind Eintrittspforten für allgegenwärtige Krankheitserreger wie Streptokokken, Staphylokokken usw.

- Leichtes Sauberhalten des Bodens während der Belegung und insbesondere beim Reinigen und Desinfizieren.

- Langfristige Haltbarkeit gegenüber den Rüsselaktivitäten der Sau und auch im Hinblick auf die Einwirkung des Futters auf den Boden.

- Einerseits ausreichendes Wärmeangebot bei neugeborenen Ferkeln und andererseits für die hochlaktierenden Sauen genügend Kühlmöglichkeiten bei hohen Außentemperaturen.

Antwort der KW-Bucht: Das Anforderungsprofil von Böden im Stall und im Auslauf unterscheidet sich sehr.

Eigenschaften	Oberfläche im	
	Stall	**Auslauf**
Gefälle	1-2%	4-5%
Reinigungswasser muss ablaufen	ja	
Harn und Niederschläge müssen ablaufen	nein	ja
Feuchtigkeit der Oberflächen im Normalbetrieb	niedrig	hoch
Oberflächenbehandlung von Beton	Glätten und Walzen	scheiben
Besenstrich	nein	ja
Befahrbarkeit des Bodens	nein	ja

Übersicht 7: Anforderung an Stall- und Auslaufflächen

4.5.1 Walzen des Sauenliegebereiches

Vor dem Betonieren des Bodens in den Abferkelbuchten wird zuerst der Kontrollgang betoniert. Im besten Fall ist dieser ca. 10 cm tiefer als der Sauenliegebereich (Dazu mehr in Kapitel 5.12.1). Das ist nötig, da man für das Vor- und Zurückschieben der Walze eine stabile Ausgangssituation braucht. Beim Walzen ist zu beachten:

- Der Betonboden oder Estrich wird geglättet.

- Danach wartet man so lange, bis der Boden walzfähig ist. Je nach Außentemperatur und Luftfeuchte kann dies ca. 2 bis 5 Stunden dauern. Die Walze darf einerseits nicht „versinken" aber muss andererseits noch genügend Druck für das Profil ausüben können. Den Druck kann man jedoch verstärken durch die Füllung der Walze mit Wasser. Allerdings wird sie dadurch schwerer. Für das Umsetzen der Walze von Spur zu Spur sind auf jeden Fall zwei Personen nötig.

- Damit die Walze nicht zu sehr Feinteile „aufwickelt" muss sie bei Bedarf – am besten vor jedem Walzvorgang – mit einem Lappen abgerieben und mit Schalöl eingepinselt werden.

- Die Walze wird an einem langen Stiel vorgeschoben und in der gleichen Spur wieder zurückgezogen.

- Falls es zu rauen Stellen im Profil kommen sollte, werden diese mit einer Lammfellwalze an einem langen Stiel geglättet.
- Bei einer Breite der Walze von 60 cm reichen drei Walzspuren je Abfekelbucht, da unter den Abliegewänden kein Profil erforderlich ist.

| Abb. 26: Besenstrich im Auslauf | Abb. 27: Sauenliegefläche mit Profil |

Abb. 28: Einbringen des Estrichs in die Abferkelbuchten

Abb. 29: Scheiben des Estrichs

Abb. 30: Glätten des Estrichs

Abb. 31: Verlegung einer Fliese in den geglätteten Beton

Abb. 32: Die Walze wird vor jedem Walzvorgang mit Schalöl eingestrichen

Abb. 33: Pro Bucht werden drei Walzspuren gelegt

Abb. 34: Raue Stellen im Profil werden mit einer Lammfellwalze geglättet

4.6 Dreieckiges Ferkelnest

Herausforderung 11: Wärmeangebot und Gestaltung des Ferkelnestes spielen für die Gesundheit der Ferkel eine überragende Rolle. Maßgebliche Faktoren für die Ferkel sind Zugang, Größe und Temperaturgestaltung. Für den Bewirtschafter ist es die rasche Kontrollmöglichkeit und schnelles Eingriffspotential.

Antwort der KW-Bucht: Das dreieckige Nest besteht aus der 1,50 m langen Heizwand und der 1,50 m langen Kontrollgangseite. Das ergibt eine Größe von 1,1 m². In der ersten Lebenswoche sollte das Nest nicht zu groß sein. Hinzu kommt die Veranda: Das Nest wird dafür auf beiden Seiten um 40 cm verlängert. Mit der Veranda hat das Nest eine Größe von 1,8 m².

4.6.1 Ferkelnestgröße

Verordnungsgemäß müssen alle Ferkel gleichzeitig und ungestört im Ferkelnest ruhen können. Der geschlossene Boden muss wärmegedämmt und beheizt oder mit einer geeigneten Einstreu versehen sein. Die Nestgröße wird nach folgender Formel berechnet: Ferkelnestgröße in m² = 0,033 x mittleres Gewicht in kg ^{0,66} x mittlere Wurfgröße.

Mittleres Absetzgewicht (kg)	Mittlere Ferkelzahl je Wurf			
	11	12	13	14
6,0	1,18	1,29	1,40	1,51
7,0	1,31	1,43	1,55	1,67
8,5	1,49	1,63	1,76	1,90
10	1,65	1,81	1,96	2,11
11,5	1,82	1,98	2,14	2,31
13	1,97	2,15	2,33	2,51

Übersicht 8: Erforderliche Ferkelnestgröße

Abb. 35: Nestdeckel mit Scharnieren auf der Heizwand

Abb. 36: Deckel und Seitenwand sind mit Aluminiumriffelblech versehen

- Das Ferkelnest ist nur 50 cm hoch.
- Am Kontrollgang besteht das Nest aus einer Siebdruckplatte oder 3 cm starken Nut- und Federbrettern mit der Länge von 3,20 m (für 2 benachbarte Nester).

- Der Deckel besteht aus einer 12 mm Siebdruckplatte. Die Scharniere sind auf der Heizwand angeschlagen. Somit bleibt bei geöffnetem Deckel der Blick auf die Abferkelbucht frei.

- Die relative Vorzüglichkeit des Dreiecknestes steigt mit der Zahl der Nester, da eine Warmwasserheizanlage erforderlich ist. Das Mittel der Wahl sind Hackschnitzelanlagen oder im besten Fall Wärme aus Biogasanlagen. In größeren Beständen ist diese Art der Energiebereitstellung insbesondere wegen der günstigen Kilowatt-Stunden-Preise einer elektrischen Heizung überlegen: Eine kWh Wärme kostet z.B. bei Hackschnitzelanlagen ca. 5 ct. im Vergleich zu einem Mehrfachen bei Strom. Bei alternativem Einsatz von Strom können PV Anlagen und ein hoher Eigenverbrauch die Stromkosten mindern.

- Der Abschluss des Nestes in Richtung Sau besteht aus einer leichten Gitterfolie wie sie in Gewächshäusern verwendet wird. Diese wird nicht in Streifen geschnitten, sondern bleibt als Ganzes erhalten. Die Gitterfolie wird zwischen zwei Holzlatten mit je 1 cm Stärke geschraubt. Diese Holzlatten liegen auf dem Kantholz, auf dem auch der Deckel aufliegt. Zur Geburt und die ersten beiden Tage danach wickelt man die Folie um die Holzlatten, sodass die Ferkel hindernislos in das Nest gelangen können. Wenn das Nest sicher angenommen ist, wird die Folie bis auf 5 cm zum Boden abgelassen.

- Um die Wärmeabstrahlung zu steigern sind der Deckel des Ferkelnestes und die Seitenwand zum Kontrollgang hin mit Riffel-Aluminiumblech beschlagen. Ein Test zeigte, dass dadurch die Vorlauftemperatur um ca. 5°C niedriger sein kann.

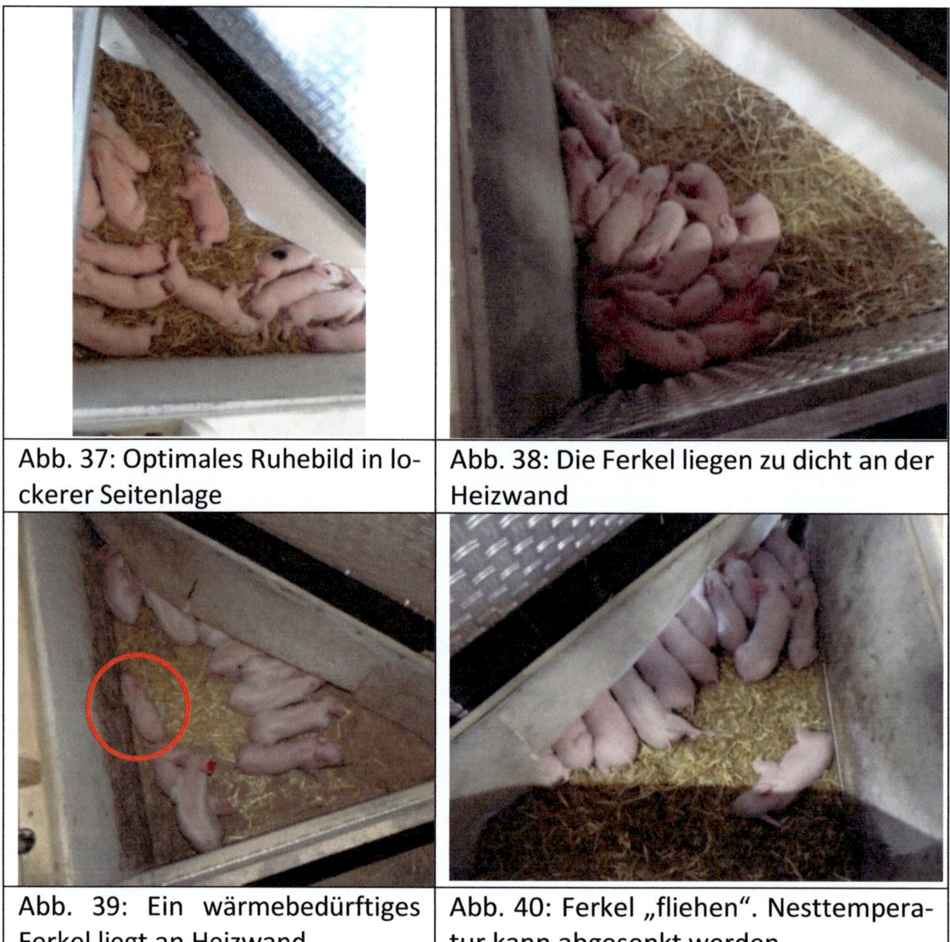

Abb. 37: Optimales Ruhebild in lockerer Seitenlage	Abb. 38: Die Ferkel liegen zu dicht an der Heizwand
Abb. 39: Ein wärmebedürftiges Ferkel liegt an Heizwand	Abb. 40: Ferkel „fliehen". Nesttemperatur kann abgesenkt werden

Die Steuerung der Nesttemperatur erfolgt weder durch Sensoren noch Thermostate, sondern durch manuell zu betätigende RTL-Durchlaufbegrenzer. Das Signal für die passende Nesttemperatur geben die Ferkel dem Tierhalter durch ihr Liegeverhalten. Der sehr nahe Aufenthalt an der Heizwand oder das Liegen mit den Köpfen in das Ferkelnest hinein signalisiert, dass die Ferkel höhere Temperaturen brauchen. Die Orientierung für Temperaturanpassungen gibt das Ferkel mit dem höchsten Wärmebedarf.

Nachstehende Übersicht vergleicht das Rechtecknest mit dem Dreiecknest:

Nestform	Rechtecknest/ Dunkelstrahler		Dreiecknest/ Warmwasserheizung	
Laufende Meter Nestzugang	Ca. 150 cm		Ca. 2,20 cm	+
Sau kann Nestzugang behindern	Leicht möglich		Nicht möglich	+
Blick vom Kontrollgang in Bereich vor dem Nest	Eingeschränkt		Ohne weiteres möglich	+
Ferkel absperren	Blick auf Schieber eingeschränkt		Blick komplett möglich	+
Ferkel aus Nest holen	Kurze Wege	+	Längerer Weg	
Investitionskosten Nestheizung	niedrig	+	Relativ hoch	
Heizungssteuerung jedes Nestes	Einzelsteuerung	+	2 Nester gemeinsam	
Energiekosten (Strom/Warmwasser)	Relativ hoch		Meist relativ niedrig	+
Robustheit, Dauerhaftigkeit	Mittel		Hoch	+
Spielraum bei niedrigen Außentemperaturen	Eher begrenzt		Größerer Spielraum	+

Übersicht 9: Vergleich Rechteck- mit Dreiecknest (im Vergleich besser: +)

Abb. 41: Die Temperatur wird manuell mit einem Durchlaufbegrenzer gesteuert

Abb. 42: Mischbatterie am Stalleingang zur Regelung der Vorlauftemperatur

Bei der zweimal täglichen Nestkontrolle kann so leicht erkannt werden, ob der RTL-Durchlaufbegrenzer auf- oder zurückgedreht werden muss. Gleiche Nesttemperaturen können zu unterschiedlichem Liegeverhalten von Wurf zu Wurf führen. Da es nur einen Durchlaufbegrenzer für zwei Nester gibt, richtet man sich nach dem Nest mit dem höheren Wärmebedarf. Auf Temperaturanzeigen für Vor- und Rücklauftemperatur kann verzichtet werden.

4.6.2   Praxisvergleich: Wurfleistungen mit Recht- oder Dreiecknestern

Das sehr frühe Auffinden des Nestes ist für Ferkel eine Überlebensfrage. Im Nest sind sie nicht nur sicher vor Verletzungen sondern können auch ihre Körpertemperatur nach dem Säugeakt in kühler Umgebung wieder hochfahren. Ein warmes Nest fördert die Beweglichkeit der Ferkel, so dass sie geschmeidiger auf gefährliche Körperbewegungen ihrer Mutter reagieren können.

In einem ökologisch wirtschaftenden Praxisbetrieb mit ca. 200 Sauen wurden zwei identische Ställe mit identischer Buchtenausstattung miteinander verglichen. Jeder der beiden Ställe besteht aus 36 KW-Buchten, wobei aber in einem Stall das Dreiecknest durch ein Rechtecknest ersetzt wurde.

Es zeigt sich ein großer Leistungsunterschied bei den abgesetzten Ferkeln: Bei 787 Abferkelungen im Zeitraum von fast 3 Jahren wurden in den Buchten mit Dreiecknestern ca. 1 Ferkel je Sau und Jahr mehr abgesetzt. Die Ursache hierfür beruht zu einem großen Teil darin, dass die Ferkel instinktiv das Dreiecknest schneller auffinden. Falls Ferkel das Nest nicht auffinden, werden sie eine kurze Zeit im Nest fixiert. In Buchten mit Dreiecknestern ist dies im Mittel nur einmal nötig, während diese Arbeit in Buchten mit Rechtecknestern 2-3 mal je Wurf gemacht werden muss.

Dreiecknester haben einen Ferkelzugang von 2,60 lfdm im Vergleich zu nur 1,50 lfdm bei Rechtecknestern. So besteht das Risiko, dass sich Sauen vor dem Nest ablegen – was prinzipiell erwünscht ist – aber bei einer Nestzugangslänge von

1,50 lfdm das Nest absperren. Auf diese Weise haben Ferkel keinen ungehinderten Zugang zur Sau, was zu abgebrochenen Säugeakten führen kann oder die Ferkel gelangen nach dem Säugen nicht ohne weiteres in das Nest zurück.

	Sauen-zahl	Ferkel				Verluste		
		leb.	im Mittel	abges.	im Mittel	Anzahl	%	
Rechtecknest								
Gruppe 1	34	419	12,32	361	10,62	58,00	13,84	
Gruppe 2	25	339	13,56	238	9,52	101,00	29,79	
Gruppe 3	35	439	12,54	385	11,00	54,00	12,30	
Gruppe 4	36	492	13,67	392	10,89	100,00	20,33	
Gruppe 5	34	436	12,82	389	11,44	47,00	10,78	
Gruppe 6	39	556	14,26	409	10,49	147,00	26,44	
Gruppe 7	33	479	14,52	402	12,18	77,00	16,08	
Gruppe 8	23	326	14,17	254	11,04	72,00	22,09	
Gruppe 9	25	314	12,56	268	10,72	46,00	14,65	
Gruppe 10	27	382	14,15	321	11,89	61,00	15,97	
Gruppe 11	26	325	12,50	278	10,69	47,00	14,46	
Gruppe 12	29	363	12,52	324	11,17	39,00	10,74	
Gruppe 13	30	409	13,63	333	11,10	76,00	18,58	
Summen	**396**	**5279**	**13,33**	**4354**		**925,00**		
Mittelwerte					10,99		17,52	
Ohne die 3 schlechtesten Durchgänge					**11,21**			
Dreiecknest								
Gruppe 1	24	328	13,67	287	11,96	41,00	12,50	
Gruppe 2	43	580	13,49	485	11,28	95,00	16,38	*
Gruppe 3	23	285	12,39	225	9,78	60,00	21,05	*
Gruppe 4	29	405	13,97	367	12,66	38,00	9,38	
Gruppe 5	23	305	13,26	275	11,96	30,00	9,84	
Gruppe 6	36	467	12,97	427	11,86	40,00	8,57	
Gruppe 7	35	455	13,00	389	11,11	66,00	14,51	
Gruppe 8	32	392	12,25	317	9,91	75,00	19,13	*
Gruppe 9	26	368	14,15	304	11,69	64,00	17,39	
Gruppe 10	27	375	13,89	338	12,52	37,00	9,87	
Gruppe 11	33	409	12,39	337	10,21	72,00	17,60	
Gruppe 12	26	349	13,42	291	11,19	58,00	16,62	
Gruppe 13	34	489	14,38	416	12,24	73,00	14,93	
Summen	**391**	**5207**	**13,32**	**4458**		**749,00**		
Mittelwerte					11,40		14,38	
Ohne die 3 schlechtesten Durchgänge					**11,74**			

*) Grätscher, DON (Silomais)

Übersicht 10: Vergleich Rechteck- mit Dreiecknest (HECKLER, 2022)

4.7 Veranda vor Dreiecknest

Herausforderung 7: Das Ferkelnest sollte in den ersten Lebenstagen so klein wie nötig sein, aber später mit den Ferkeln „mitwachsen". So erfüllt es den Wärmeanspruch der Ferkel in den ersten Lebenstagen und Heizkosten werden optimiert.

Antwort der KW-Bucht: Das Ferkelnest ist deshalb nur 50 cm hoch und mit Seitenlängen von 1,50 ergibt sich eine Liegefläche von 1,1 m². Damit die Ferkel auch später locker in Seitenlage liegen können, ist dem Nest eine 30 cm breite Veranda vorgelagert. Bei einer Gesamtlänge von 1,90 m x 1,90 m des Ferkelnestes incl. Veranda errechnet sich eine zusätzliche Verandafläche von ca. 0,7 m² Liegefläche. Das Ferkelnest ist somit 1,8 m² groß.

Mit der Veranda wird noch ein weiterer Effekt erzielt. Um die Wärme möglichst im Nest zu halten, damit der Sauenaufenthaltsbereich kühl bleibt, hängt zum Abschluss des Ferkelnestes eine Folie, i.d.R. eine dünne Folie, die in Gewächshäusern verwendet wird. Diese wird um die Geburt nach oben gezogen und ist nach ca. 3 Tagen – wenn die Folie die Ferkel nicht mehr behindert – bis auf 5 cm am Boden. Sie kann von der Sau nicht beschädigt werden, da sie 30 cm hinter der Sauenabtrennung hängt. PVC-Materialien in Streifen geschnitten haben sich dagegen nicht bewährt: Sie sind zu starr und werden nach wenigen Jahren brüchig, wenn die Weichmacher entwichen sind.

Abb. 43: Blick vom Kontrollgang auf die Veranda

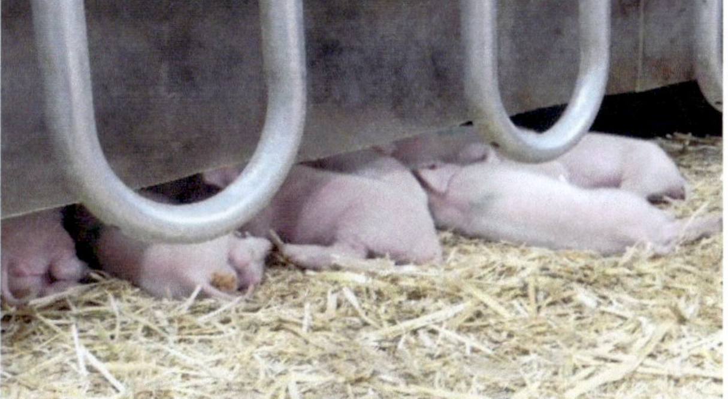

Abb. 44: Nestvorhänge ziemlich bis zum Boden, um den Stall kühl zu halten

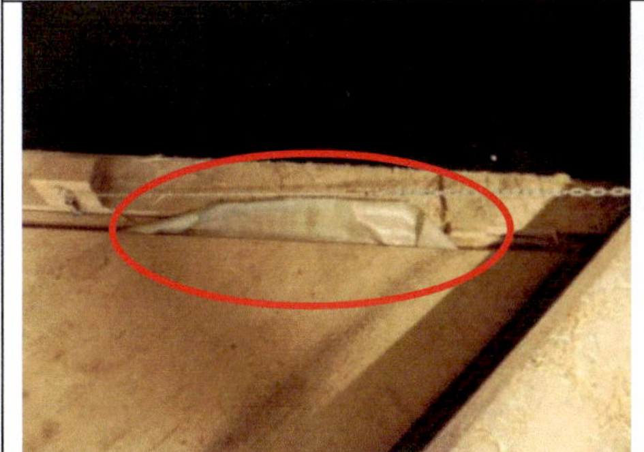

Abb. 45: Folie etwas nach oben gezogen

Abb. 46: Solche PVC-Streifen eignen sich nicht für die Ferkelnester

4.8　Bodenheizung im Sauenliegebereich vor dem Nest

Herausforderung 8: Studien zeigen, dass Sauen zum Zeitpunkt der Geburt Böden mit relativ hohen Temperaturen bevorzugt aufsuchen. In einem Versuch von PHILLIPS, P.A. wurden 18 Sauen so aufgestallt, dass sie von einer zentralen Bucht gleichzeitig Zugang zu drei identischen Kastenständen hatten. Die Böden dieser Kastenstände wiesen drei unterschiedliche Bodentemperaturen auf und zwar 22°C, 29°C und 35°C. Die tägliche Futterration wurde auf die drei Kastenstände gleichmäßig verteilt, um die Sauen zu einer gleichmäßigen Kastenstandnutzung zu veranlassen. Durch Videoaufnahmen wurde die Position der Sauen sieben Tage vor der Geburt bis 14 Tage danach registriert mit folgendem Ergebnis:

1. Vor dem Abferkeln bevorzugten die Sauen keinen der Kastenstände mit den drei unterschiedlich temperierten Böden.
2. Sobald die Geburt begann, stieg die Nutzungsdauer des auf 35°C geheizten Bodens signifikant an. Diese Bevorzugung dauerte drei Tage.
3. Danach sank das Liegen auf dem 35°C warmen Boden stetig ab.
4. In den Tagen 7-14 nach der Geburt ruhten die Sauen am häufigsten auf dem kühlsten Boden.

Die Resultate belegen, dass Sauen in den drei Tagen nach dem Beginn des Abferkelns einen warmen Untergrund bevorzugen. Das ist der Grund, warum freilebende Sauen ein Geburtsnest bauen. Funktional dient das Verhalten dazu, den kälteempfindlichen Ferkeln möglichst hohe Überlebenschancen zu verschaffen. Kalte Betonböden oder metallener Untergrund für ferkelnde Sauen sind daher als nicht tiergerecht zu beurteilen.

Antwort der KW-Bucht: Zusätzlich zu den Stalltemperaturen von ca. 22°C wird über die Tage der Geburt in KW-Buchten die Sauenliegefläche vor dem Ferkelnest auf ca. 30°C angewärmt. Das führt dazu, dass sich die Sauen bevorzugt dort ablegen.

Das hat folgende Vorteile:

1. Gemeinsam mit den höheren Umgebungstemperaturen trocknen die Ferkel rasch ab
2. Geringgewichtige Ferkel kühlen weniger aus
3. Der Weg der Ferkel ins 38°C warme Nest ist relativ kurz

Abb. 47: Zwei Warmwasserschleifen vor dem Ferkelnest	Abb. 48: Kurze Wege der Ferkel ins Ferkelnest

Um diese positiven Wirkungen zu erzielen ist der Sauenliegebereich in KW-Buchten im Bereich von ca. 70 cm vor der Ferkelveranda mit einer separaten Warmwasser-Fußbodenheizung ausgestattet. Es werden zwei Schleifen gelegt. Jeweils 2, 4 oder 6 Buchten haben einen gemeinsamen Wasserkreislauf. Diese Fläche ist nicht gedämmt.

4.9 Mit coolen Sauen höhere Absetzgewichte

Herausforderung 9: Die Temperaturansprüche von säugenden Sauen sind sehr unterschiedlich: Während um den Geburtstermin und noch einige Tage danach relativ hohe Temperaturen bevorzugt werden, geht dieser Anspruch von Woche zu Woche stark zurück.

Kennzahlen	Kontroll-gruppe ohne Kühlung	Ge-kühlte Böden	Signifi-kanz
Sauenzahl	29	29	
Lebend geborene Ferkel, St.	11,2	11,4	
Geburtsgewicht, kg	1,53	1,55	n.s.
Säugedauer, Tage	26,4	26,5	
Abgesetzte Ferkel, St.	10,6	10,7	
Absetzgewicht, kg	7,9	8,5	p<0,01
Sauengewicht bei Geburt, kg	251	251	
Sauengewicht beim Absetzen, kg	223	226	n.s.
Gewichtsverlust, kg (in %)	28 (11,3)	25 (9,9)	n.s.
Futteraufnahme der Sau ab Geburt bis Absetzen, kg	128,2	145,6	p<0,001
Futteraufnahme im Mittel/Tag, kg	4,9	5,5	p<0,001

Übersicht 11: Leistungsergebnisse bei gekühlten Böden (WAGENBERG van A. V.).

In Buchten mit gekühlten Böden, die von 27°C auf 22°C abgekühlt wurden, waren die Ferkel beim Absetzen im Mittel um 600 g schwerer (8,5 kg statt 7,9 kg), wie Studien aus den Niederlanden belegen (WAGENBERG van A. V.).

Da die Sauen von Vergleich- und Kontrollgruppe in etwa gleich viel Gewicht während der Laktation verloren, rührt das höhere Ferkelwachstum von einem Mehr an Milch bzw. höherem Futterverzehr her.

Antwort der KW-Bucht: Die Sauenliegefläche kann bei hochsommerlichen Außentemperaturen gekühlt werden. Hochsommerliche Außen- bzw. Bodentemperaturen sind aus zweierlei Gründen von Nachteil:

- Die Ferkel halten sich vermehrt bei ihren Müttern auf, was die Saugferkelverluste in diesen Tagen deutlich ansteigen lässt.
- Die Sauen reagieren ernährungsphysiologisch richtig, in dem sie die Futteraufnahme verringern. Dies hat Folgen für die Milcherzeugung und auch für den Verlust an Körpersubstanz. So ist es naheliegend für die

warmen Perioden im Jahr die Sauenliegefläche abzukühlen. Zu diesem Zweck werden die vor dem Nestbereich liegenden Heizrohre mit Kaltwasser beschickt. Ziel solcher Aktivitäten ist die Beibehaltung einer hohen Futteraufnahme auch in Zeiten mit hohen Außentemperaturen. Das fördert die Milchleistung und damit das Wachstum der Ferkel, ohne dass die Sau an Körpersubstanz verliert.

4.9.1   Woher Kühlwasser nehmen?

Wasser auf direktem Wege zu kühlen ist sehr energieaufwendig. Da aber meist nur einige Wochen im Jahr gekühltes Wasser benötigt wird, kann man sich mit ca. 5 m tief in das Erdreich versenkten Wassertanks behelfen – zum Beispiel ausgedienten Heizöltanks oder sonstigen Behältern. Für einen Bestand von ca. 200 Sauen reichen zwei Wasserbehälter in der Größe von je 30 m³. Die Befüllung erfolgt mit Regenwasser von den Stalldächern. Zum Kühlen sollte das Wasser in der Mitte des Behälters entnommen werden und auch vor Einleitung in das Leitungssystem durch einen Filter laufen, um Leitungsverstopfungen zu vermeiden. Die Verwendung von Plattentauschern ist dagegen zu kostenaufwendig.

4.10 Buchtenwände

Herausforderung 10: Die Buchtenwände müssen stabil und dauerhaft sein, sich leicht reinigen lassen, den Sauen einen geschützten Raum bieten, Scheuermöglichkeiten bieten und die Übersicht bei der täglichen Arbeit erleichtern.

Antwort der KW-Bucht: 1 m hohe Buchtenwände aus Holz erfüllen viele Anforderungen:

- Den Zweck erfüllen bevorzugt 4 cm starke, sägeraue Bohlen aus Lärche, Douglasie, Akazie oder Eiche. Aber auch Fichte, Tanne und Kiefer können verwendet werden. Sägeraue Holzbohlen sind nicht nur kostengünstig, sondern ermöglichen den Sauen auch mehr Hautkomfort, weil sie sich daran scheuern können.

- Sehr glatte Oberflächen haben dagegen 21 mm starke Siebdruckplatten. Zur höheren Wandstabilität wird in Ökobuchten aufgrund der Buchtentiefe von 3,50 m mittig ein Metallrohr (1,5") angeschraubt.
- Holzwände enden ca. 2-3 cm über dem Boden. Somit kann man beim Waschen unter den Buchtenwänden durchspritzen, Fliegennester werden dort vermieden und das Holz trocknet nach dem Waschen rasch ab

Abb. 49: Metallrohr zur Stabilisierung der Längswand	Abb. 50: Die Holzbohlen haben 2 cm Abstand zum Boden

Die Holzbohlen werden bevorzugt an Kanthölzern befestigt, die an Winkeleisen geschraubt werden. Die Winkeleisen werden in die Aussparungen im Betonboden gesteckt und zubetoniert.

Abb. 51: Aussparungen im Betonboden für Buchtenpfosten

4.10.1 Gestaltung der Auslaufwand

Auch als Auslaufwand bietet sich Holz an. Bohlen aus Eiche, Esche, Robinie, Akazie oder Lärche sind besonders dauerhaft. Mit Abstand verlegt bieten sie den Sauen Sichtkontakt zur Umgebung.

Abb. 52: Auslaufbegrenzung mit Eichenbohlen bzw. Lärchenholzlatten

Abb. 53: Weicheres Holz, z.B. aus Weißtannen bündig verlegt

Abb. 54: Verfärbungen beruhen auf Gerbsäure vom Eichenholz

4.11 Personendurchstiege

Herausforderung 11: Die Laufwege des Personals von Bucht zu Bucht sollten möglichst kurz sein.

Antwort der KW-Bucht: Personendurchstiege in den Buchtenwänden werden am Ende der Buchten vorgesehen. Sie sind auf den unteren 50 cm geschlossen, während sie auf den oberen 50 cm eine Öffnungsweite von ca. 25 cm aufweisen, um einen bequemen Durchstieg zu ermöglichen.

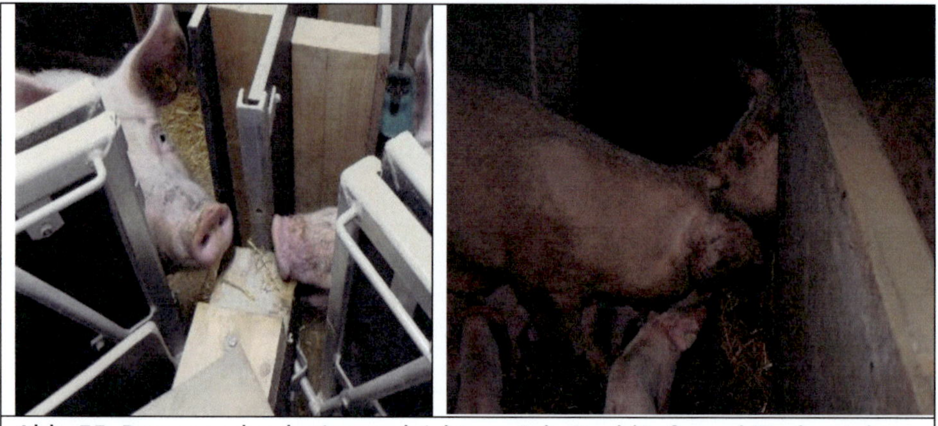

Abb. 55: Personendurchstiege erleichtern Arbeitsabläufe und Tierkontakte

Merke: Personendurchstiege dürfen nicht konisch und nicht über 25 cm breit sein, da sonst das Risiko besteht, dass sich Sauen einfädeln und nicht mehr zurückkommen oder im Extremfall sogar über den Personendurchstieg springen wollen und dann hängen bleiben.

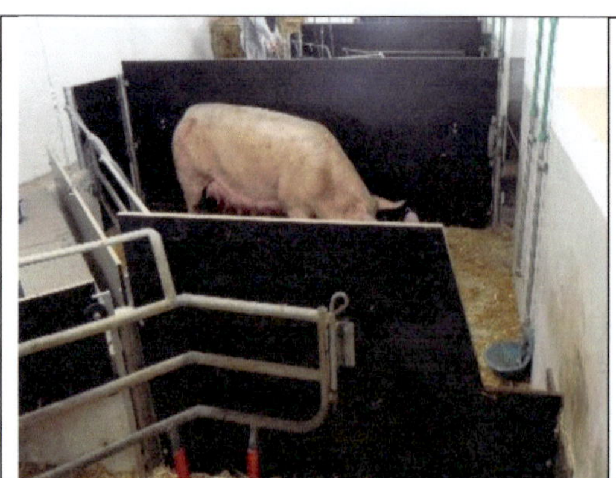

Abb. 56: Konische und zu breite Personendurchstiege bergen Risiken | Optimaler Personendurchstieg

4.12 Bodenfütterung für Sau und Ferkel

Herausforderung 12: Zwei Fragen müssen bezüglich der Fütterung geklärt werden:

- Soll trocken oder flüssig gefüttert werden?
  Schweine sind naturgemäß keine Schnellfresser. Dazu werden sie jedoch bei der Flüssigfütterung animiert. Die negativen Folgen sind unzureichende Einspeichelung des Futters und zu geringe Beschäftigung mit dem Futter. Das bevorzugte Fütterungsverfahren ist deshalb die Trockenfütterung. Außerdem gestaltet sich dadurch die Troghygiene arbeitssparender und möglicher Fliegenbesatz ist deutlich geringer. Wichtig ist jedoch, dass die Sauen in allen Produktionsphasen <u>ausschließlich</u> trocken gefüttert werden!
- Soll die Fütterung im Stall oder im Auslauf vorgesehen werden?
  Immer wieder wird argumentiert, dass sich Buchten mit Fütterung im Auslauf durch höhere Sauberkeit im Stall auszeichnen. Dies trifft jedoch aus der Erfahrung vieler Betriebe mit KW-Abferkelbuchten nicht zu. Nicht zuletzt ist die Futteraufnahme im Auslauf bei solchen Sauen eingeschränkt, die aufgrund ihres Mutterinstinktes nicht so häufig und lange von ihren Ferkeln fernbleiben wollen. Darüber hinaus ist das Heranführen der Ferkel an eine frühe Futteraufnahme wichtig, was die Fütterung im Auslauf praktisch ausschließt, insbesondere bei kalter Witterung. Alle diese Punkte sprechen für die Fütterung im Stall.

Antwort der KW-Bucht: Für die Sau ist kein Trog vorgesehen. Das Futter wird vom Muttertier beim Fressen durch Rütteln an einem Metallrohr abgerufen. Dieses hat einen Durchmesser von 2" (ca. 5 cm). Was sind die Vorteile:

- ✓ Es muss kein Trog angeschafft werden, der unter Umständen geleert und gereinigt werden muss.
- ✓ Tröge entfallen als Gefahrenpotential für die Ferkel, sei es, dass sie in den Trog fallen oder am Trog erdrückt werden.
- ✓ Die Bucht kann hindernislos betreten werden.

✓ Die Ferkel werden von ihrer Mutter zum Fressen animiert. Das von der Mutter eingespeichelte Futter ist für die Darmflora der Ferkel positiv.

✓ Die Sauen können beim Fressen immer frisches Futter abrufen, was deren Appetit erhöht.

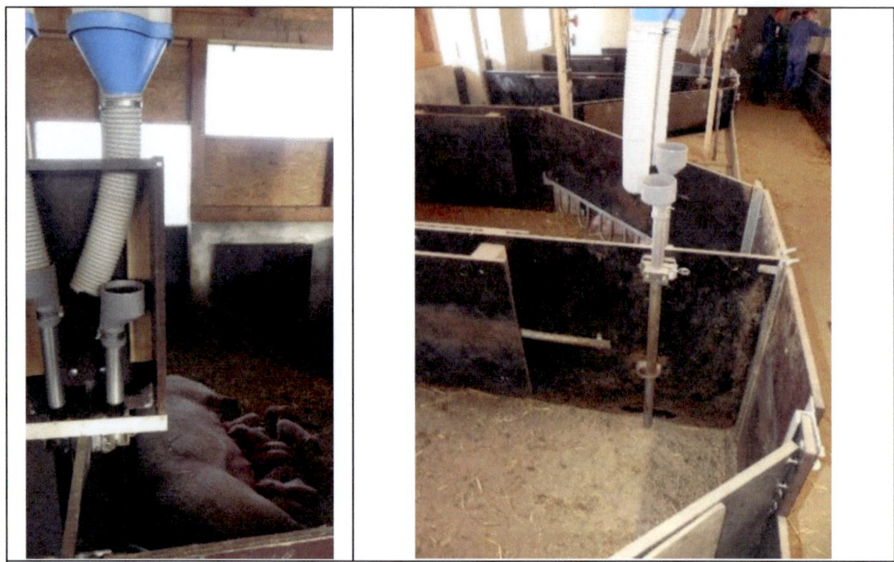

Abb. 57: Schutz des Kunststoffschlauches vor Verbiss durch Holzkasten

Was gilt es zu beachten

- Die Bodenfütterung kann direkt am Kontrollgang angeordnet sein. Von dort kann man die Volumendosierer bequem einstellen. Zu empfehlen ist jedoch die Fixierung des Rüttelrohres ca. 1 m vom Kontrollgang entfernt. Das hat mehrere Vorteile:
  - Mit dem größeren Abstand von der Eingangstür gelangt weniger Futter durch den Türspalt in den Kontrollgang.
  - Die Ferkel haben einen größeren räumlichen Zugang, mit ihrer Mutter gleichzeitig Futter aufzunehmen.
  - Beim Begehen der Bucht sind fressende Sauen kein Hindernis.

- Die Volumendosierer können noch zum Verstellen händisch erreicht werden.

- Die Bodenfütterung in der Nähe zum Kotbereich ist nicht zu empfehlen: Die Kontrolle vom Gang aus ist kaum möglich und die dortige Nähe zur Tränke verkleistert den Fressplatz.

- Durch die Bewegung des Rüttelrohres kann es mitunter zu den Fütterungszeiten zu großem Lärm kommen. Das beruht darauf, dass die Metallhalterung des Schüttelrohres die Vibrationen auf die Buchtenwände überträgt, die wie eine Art Schallkörper wirken. Dies tritt insbesondere bei Buchtenwänden auf, die aus Siebdruckplatten bestehen. Weniger lärmend sind sägeraue Bretter als Buchtenwände.

- Das Rüttelrohr braucht einen Hub, der die doppelte Länge vom Rohrdurchmesser aufweisen muss. Unter dem Schüttelrohr gibt es somit keine für die Sau unzugänglichen Bereiche, was der Hygiene dient.

- Die Anschläge links und rechts vom Schüttelrohr werden mit Kunststoffschläuchen überzogen, um die Geräusche zu verringern.

- Im besten Fall sollte der Betonboden unter dem Rohr in der Größe von ca. 50x50cm gefliest werden, um Beschädigungen des Betonbodens langfristig zu vermeiden.

- Da die Sauen unterschiedliches Temperament haben, ist es vorteilhaft, den Abstand des Rüttelrohres zum Boden bei einzelnen Sauen anpassen zu können. Der Standardabstand zum Boden beträgt 2-3 cm.

- Bei Buchtenwandhöhen von 1 m können Sauen den Einlauftrichter und den flexiblen Schlauch beschädigen. Dem wird mit einem Vorbau aus Holz vorgebeugt.

- Die Stöße des Rüttelrohres verlangen eine stabile Befestigung in der Buchtenwand. Diese besteht im besten Fall aus einer Metallplatte, die mit der Buchtenwand verschraubt ist. Die beiden waagrechten Metallstifte sollten in der Metallplatte in Gummihülsen lagern, um den Geräuschpegel beim Fressen zu verringern.

Abb. 58: Dieses Schüttelrohr hat zu geringen Hub nach links und rechts

Abb. 59: Schüttelrohr mit Anschlag links und rechts

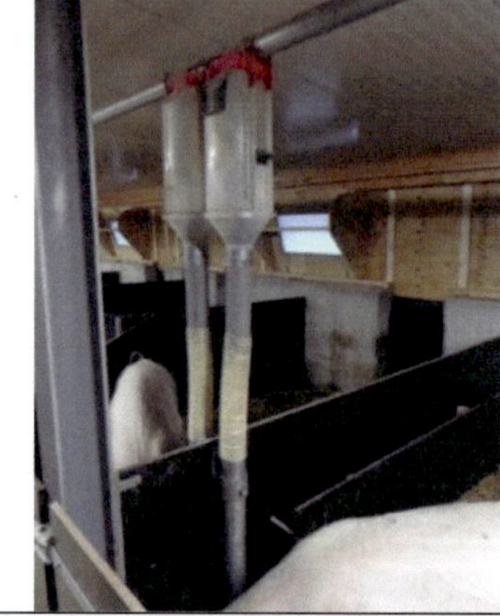

Abb. 60: Volumendosierer zur individuellen Futterzuteilung

Abb. 61: Sauen beim Fressen

Abb. 62: Ferkel vor dem Absetzen beim Fressen

Abb. 63: Das Schüttelrohr hat 2-3 cm Bodenabstand	Abb. 64: Geflieste Futterfläche unter Schüttelrohr

Tipp für Sparer: Störender Lärm durch die Schüttelbewegungen des Rohres kann vermieden werden, wenn auf das bewegliche Rohr verzichtet wird. Anstatt dessen wird das Fallrohr fest an der Buchtenwand fixiert. Damit es beim Futterabwurf nicht zu sehr staubt, sollte das Rohr ca. 10 cm über dem Boden enden. Vorteilhaft ist bei dieser Art von Fütterung ein zentraler Futterabwurf, der nicht nur zwei- sondern drei- bis viermal täglich erfolgt.

4.12.1 Niveau des Kontrollganges und Ferkelnesthöhe

Der Zugang zum Ferkelnest wird auf zweierlei Art erleichtert:

- Das Ferkelnest hat eine maximale Höhe von nur 50 cm.
- Der Kontrollgang ist um ca. 10 cm tiefer als das Ferkelnest, was einerseits die Arbeiten am Nest erleichtert. Zudem kann bei sehr hohen Außentemperaturen der Kontrollgang gewässert werden, was neben dem Abkühleffekt auch noch Stallstaub bindet. Wer die Sauenliegefläche walzt, muss ohnehin zuerst den Kontrollgang betonieren, um eine Basis für die Walze zu haben. Im Kontrollgang ist eine Entwässerung vorzusehen.

4.13 Extra Ferkelschlupf in den Auslauf

Herausforderung 13: Ferkel in ökologischen Abferkelställen müssen generell Zugang zu einem Auslauf haben. Dabei kann man aber nicht unterstellen, dass Ferkel ohne weiteres wieder über die Sauenauslauftür zurück in den Stall finden.

Antwort der KW-Bucht: In den ersten Lebenstagen wird in aller Regel dafür gesorgt, dass Ferkel in den Auslauf gelangen. Dies geschieht durch eine mobile Vorrichtung, die zwischen Stall und Auslauf vorgesehen wird. Am einfachsten kann das ein 25 cm hohes Brett sein. Dieses Brett wird werkzeuglos ein- und ausgebaut und hält trotzdem dem Muttertier stand.

Abb. 65: Das senkrechte Brett hält Ferkel vom Auslauf zurück

Schonender für die Gesäuge als Bretter sind senkrecht aufgestellte Gummischürzen. Am unteren Ende werden sie durch ein Flacheisen stabilisiert, an dem ein Rohr angeschweißt ist. Auf einer Seite hat dieses Rohr einen Metallstift, der in die Türöffnung gesteckt werden kann. Auf der anderen Seite ist ebenfalls ein Metallstift, der aber von einer Druckfeder im Rohr nach außen gedrückt wird. Zum Ein- und Ausbauen der Gummischürze wird mit einem Nagel oder Schraubenzieher die Feder nach hinten verschoben.

Abb. 66: Gummischürzen sind gesäugefreundlicher als feste Abtrennungen

Um in den Auslauf zu gelangen, nutzen die Ferkel einen extra Ferkelschlupf, der in der Buchtenecke platziert ist. Dieser ist die ersten 3 Tage mit einem Holzschieber von außen verschlossen. Auf der Innenseite ist dagegen ein Windschutz aus Kunststoffband. Nicht bewährt hat sich PVC-Gewebe, das nicht genügend reißfest ist. Dagegen sind Gewebe, die üblicherweise als Schaf-Futterband Verwendung finden, sehr gut geeignet.

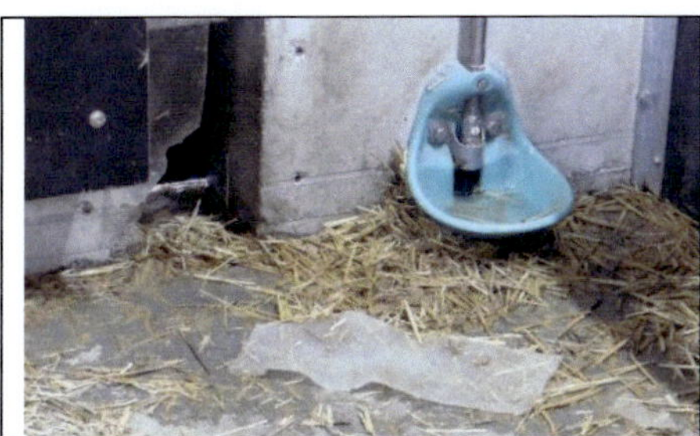

Abb. 67: PVC-Vorhänge sind nicht genügend reißfest

Abb. 68: Sogenannte Schaf-Futterbänder sind stabil genug

Der Ferkelschlupf in der lichten Breite von 22 cm und Höhe von 35 cm hat mehrere Funktionen:

1. Möglichst sicheres Zurückfinden der Ferkel vom Auslauf in den Stall.
2. Vergeudetes Wasser gelangt direkt in den Auslauf.
3. Sauberhaltung des Stalles, da in dieser sonst als Kotbereich genutzten Ecke gleich zwei wichtige Funktionen sind: Wasseraufnahme und Zugang der Ferkel zum Auslauf.

Abb. 69: Im Auslauf angebrachte Folien sind für Ferkel ein zu großes Hindernis

Abb. 70: Optimal: Holzschieber an der Auslaufseite

Abb. 71: …und Kunststoffgewebe an der Stallseite

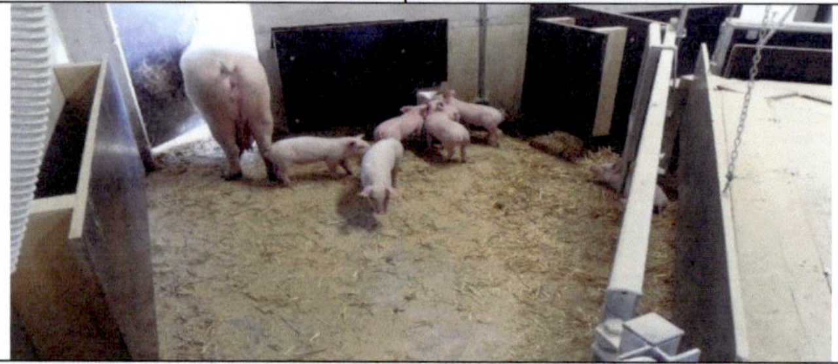

Abb. 72: Die Ferkel nutzen bevorzugt den Ferkelschlupf

4.13.1 Sicherung von Holzschiebern

Damit die Sau weder das Brett in der Auslauftür noch den Schieber vom Ferkelschlupf hochhebeln kann, braucht es eine schwenkbare Metallklappe. Diese wird in der Wand so befestigt, dass sie nur bei senkrechter Stellung – was gegen die Schwerkraft ist - das Hochziehen des Schiebers ermöglicht.

Abb. 73: Schieber kann nicht hochgeschoben werden

Abb. 74: Schieber kann hochgeschoben werden

Abb. 75: Holzbrett kann nicht hochgeschoben werden	Abb. 76: Holzbrett kann hochgeschoben werden

4.14 Metallschleifen vor der Veranda

Herausforderung 14: In den ersten Lebenstagen sind Sauen bestrebt, möglichst engen Kontakt mit ihren Ferkeln zu halten. Mitunter strecken sie ihren Kopf unter der Abtrennung in das Ferkelnest, was auch tödlich enden kann. Waagrecht verlegte Eisenrohre zur Absperrung sind nicht geeignet.

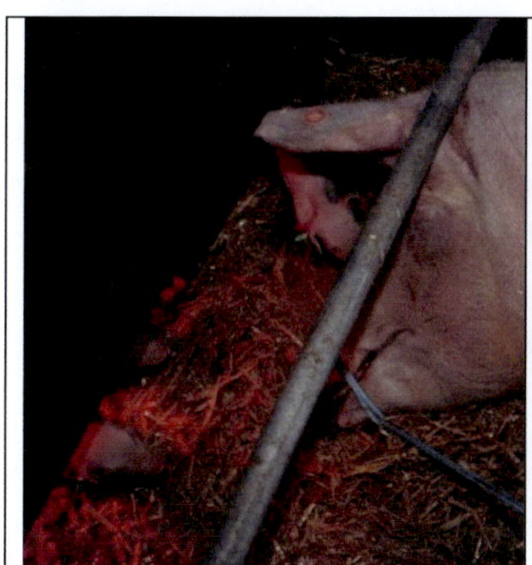

Abb. 77: Dieses Muttertier ist unter dem Rohr verendet	Abb. 78: Dieses Muttertier konnte noch gerettet werden

Antwort der KW-Bucht: Vor der Veranda sind Metallschleifen installiert, die den verletzungsträchtigen Zugang der Sau zum Nest sicher unterbinden, aber andererseits den Verkehr der Ferkel nicht behindern. Dies wird mit folgenden

Maßen erreicht: Bodenabstand des waagrechten Rohres 30-35 cm, Abstand zwischen den Metallschleifen 22 cm und 15 cm innerhalb der Metallschleifen.

Abb. 79: Suboptimal für Neuge-borene: Nestvorhang unten	Abb. 80: Optimal: Nestvorhang nach oben gezogen

4.15 Abliegewände an allen Buchtenseiten

Herausforderung 15: Bei nur wenigen Themen ist sich die Fachwelt so uneinig wie bei der Notwendigkeit von Erdrückungsschutz/Rundumlauf-Einrichtungen. Nach wie vor begegnen einem Aussagen, dass Erdrückungsschutz-Einrichtungen keinen Nutzen stiften, weil die Ferkel in der Buchtenmitte erdrückt werden durch das sogenannte Rolling (das Drehen der Sau im Liegen von einer Seite zur anderen). Doch warum gibt es so gegensätzliche Ansichten?

In einer dänischen Veröffentlichung im Jahr 2006 wurde folgender Sachverhalt beschrieben (BIRGITTE I. DAMM): Wenn sich Sauen in der freien Fläche ablegen ist das Erdrückungsrisiko viel größer als wenn sie sich entlang einer Buchten-wand ablegen. Vermutlich liegt das daran, dass die Buchtenwand der Sau Unter-stützung beim Abliegen bietet und die Ferkel einen Fluchtraum haben. Die Her-ausforderung ist deshalb, diese Buchtenwände so zu gestalten, dass sie für Sauen bevorzugt angenommen werden. In den Vorschriften der EU ist geregelt, dass in Abferkelbuchten Maßnahmen zu ergreifen sind, die Ferkel durch „farrowing rails" zu schützen. Das Problem besteht nun darin, dass die dort beschriebenen Metallstangen kein geeignetes Mittel sind, da sie für das Abliegen der Sauen nicht nur unattraktiv sind sondern sogar gemieden werden.

Die Untersuchungen über das Abliegen an unterschiedlichen Buchteneinrichtungen brachten folgende Ergebnisse:

Merkmal	Prozentuale Abliegevorgänge an…….
Metallstangen	16%
Geneigte Wände	36%
Senkrechte Wände	48%

Übersicht 12: Sauenpräferenzen beim Abliegen (DAMM, B.)

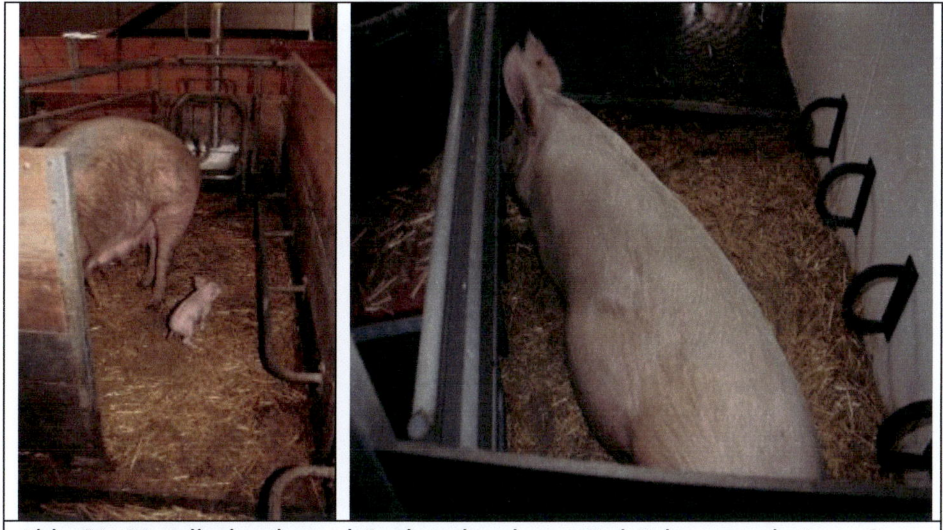

Abb. 81: Metallrohre bzw. -bügel senken kaum Erdrückungsverluste

Antwort der KW-Bucht: Nach den o.a. wissenschaftlichen Untersuchungen und den praktischen Erfahrungen hängt es offensichtlich davon ab, wie Abliegevorrichtungen beschaffen sind. Metallrohre an den Buchtenwänden sind wenig hilfreich.

Aber auch an die Abliegewände sind einige Anforderungen zu stellen:

1.	Die Abliegewände sind senkrecht und nicht schräg an den Buchtenwänden anzubringen
2.	Die Abliegewände müssen sich über die gesamte Buchtenwand erstrecken von z.B. 2 lfdm und nicht nur über einen kleinen Teil
3.	Sie müssen mindestens so hoch sein wie das Tier, also ca. 80 cm
4.	Abstand vom Boden 20 cm
5.	Abstand von der Buchtenwand 15-20 cm
6.	Das Abliegen an solchen Wänden kann gesteigert werden, wenn dort auch Scheuerverhalten ermöglicht wird. Die Abliegewände sollten deshalb nicht aus glatten Siebdruckplatten, sondern bevorzugt aus **senkrecht** angeordneten, sägerauen Brettern bestehen

Übersicht 13: Anforderungen an die Ausführung von Abliegewänden

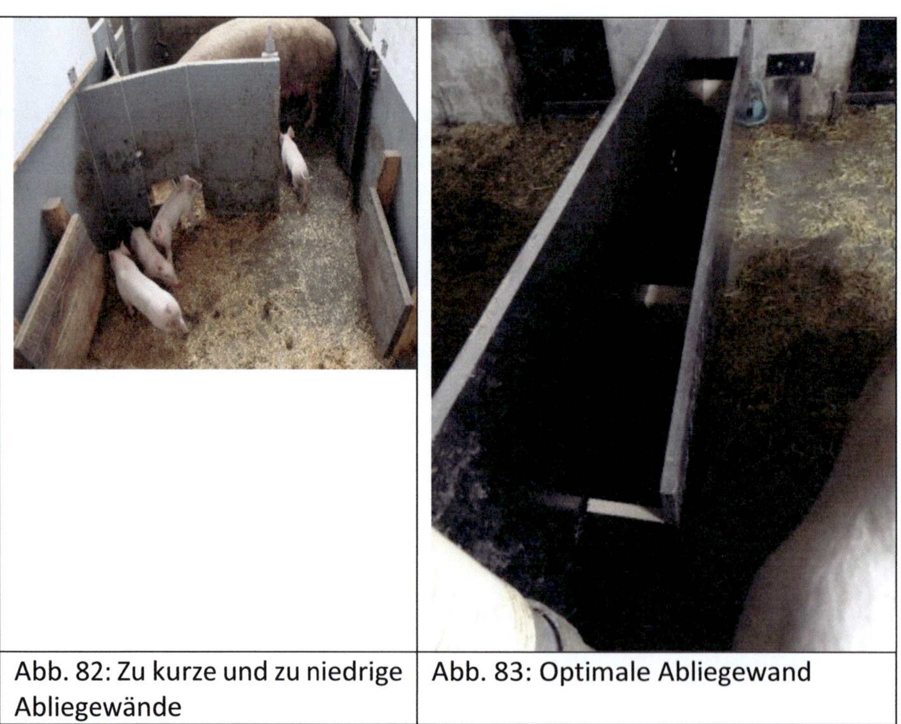

Abb. 82: Zu kurze und zu niedrige Abliegewände	Abb. 83: Optimale Abliegewand

Abb. 84: Diese KW-Buchten haben an allen drei Seiten Abliegewände

4.15.1 Abliegewände sichern Rundlauf der Ferkel

Abliegewände erfüllen aber noch eine weitere Funktion: Sie ermöglichen den Ferkeln den Rundlauf um ihre Mutter. Ferkel haben in den ersten Lebenstagen keinen „Rückwärtsgang". Ein solches Verhalten hatte in der langen evolutionären Entwicklung bei Schweinen keinen Selektionsvorteil. Das liegt daran, dass Wildschweine zur Geburt einen Liegekessel bauen, aus dem die Ferkel nicht entweichen können.

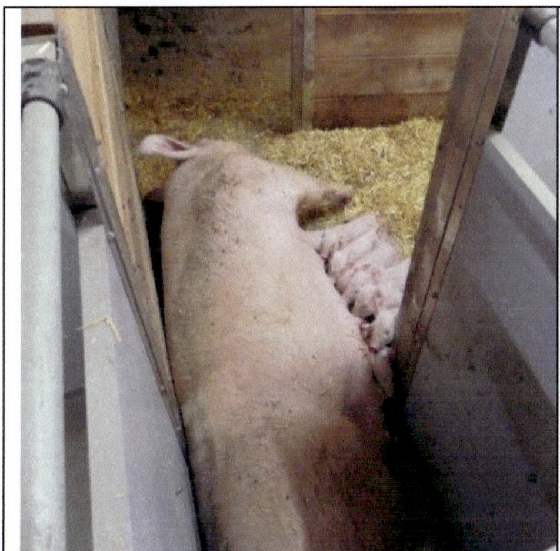

Abb. 85: Abliegewände verhindern kritische Liegepositionen

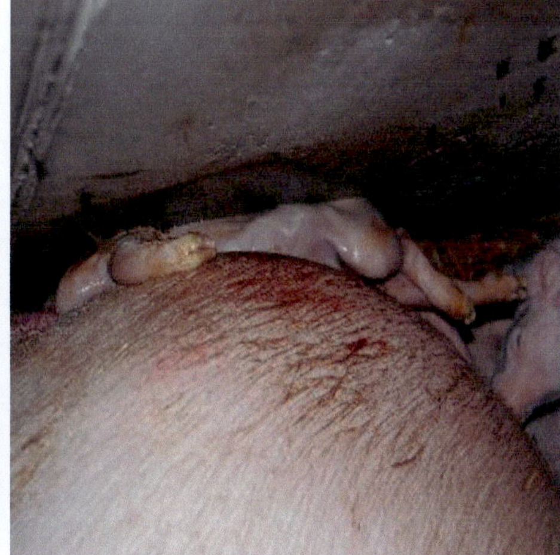

Abb. 86: Ohne Abliegewände kann es zu „Totgeburten" kommen

Es gibt auch keine Sackgassen sondern – egal wohin sich die Ferkel bewegen – sie laufen im Kessel immer an ihrer Mutter entlang und kommen dadurch auch immer wieder am Gesäuge an. Buchten müssen deshalb so konstruiert sein, dass Ferkel durch instinktive Vorwärtsbewegung immer am Gesäuge ankommen.

4.15.2 Vermeidung von „Sackgassen"

Im allerbesten Fall sollte der Sauenliegebereich nur ca. 5,5 m² (2,20 m x 2,50 m) groß und oval sein, so dass sich Ferkel weder verlaufen noch in Ecken oder Sackgassen festsetzen können. Ferkel, die nicht rechtzeitig zum Gesäuge gelangen, stören durch ihre Hilferufe den Säugeakt. Dadurch steigt die Wahrscheinlichkeit, dass Sauen den Säugeakt unterbrechen, aufstehen und eine andere Liegeposition einnehmen, was die Saugferkelverluste erhöhen kann.

Da runde oder ovale Abferkelbuchten baulich zu kostenaufwendig sind, muss man sich anderweitig behelfen. Kritisch sind nämlich Buchtenbereiche, in die sich die Sau mit dem Hinterteil ablegen kann. Dies kommt eher bei kühlen Stalltemperaturen vor. Um solches Verhalten sicher zu vermeiden, kann eine der beiden nachstehenden Einrichtungen helfen:

- Einbau einer Metallstange an der Eingangstür, die in den ersten Lebenstagen die Sau daran hindert, sich dort abzulegen. Ein paar Tage nach der Geburt wird diese Metallstange nicht mehr benötigt. Sie wird an der Buchtenwand in senkrechter Stellung arretiert.
- Kostengünstiger und ohne Verstellbedarf im Laufe eines Produktionszyklus ist ein Stück Hartholz, das am einfachsten auf dem Boden im Bereich der Eingangstür geklebt, gedübelt oder bereits beim Bau einbetoniert wird.
  Vorsicht: Beim Dübeln auf die Heizleitungen achtgeben!

| Abb. 87: Absperrung des Eingangsbereiches mit einer Metallstange | Abb. 88: Fixierung der Metallstange an der Buchtenwand bei Nichtgebrauch |

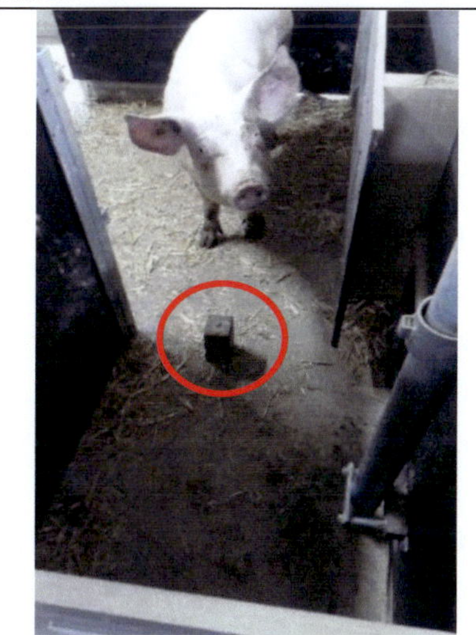

Abb. 89: 10x10x15 cm Kantholz aus Hartholz (Eiche) im Eingangsbereich

4.16 Wasserversorgung im Stall

Herausforderung 16: Die Wasserversorgung ist im §21 der Tierschutz-Nutztier-haltungs-Verordnung so geregelt, dass jedes Schwein – auch das neugeborene Ferkel – jederzeit Zugang zu Wasser in ausreichender Menge und Qualität haben muss.

Antwort der KW-Bucht: Die obige gesetzliche Regelung schließt das alleinige Angebot von Wasser in Ausläufen aus. Solche Tränkestellen sind für wenige Tage alte Ferkel einerseits kaum erreichbar und bergen andererseits bei tiefen Außentemperaturen das Risiko eines Ausfalls. Schließlich beobachten Praktiker, dass einzelne Sauen in den ersten Lebenstagen aus Mutter-Instinktgründen bei Tränken im Auslauf nicht so oft Wasser aufnehmen.

So bleibt nur die Möglichkeit, die Wasserversorgung in die Bucht zu verlegen. Das Argument einer dadurch begünstigten Buchtenverschmutzung kann entkräftet werden, wenn die folgenden Vorgaben eingehalten werden:

- ✓ Generell gibt es in der Abferkelbucht nur Trockenfutter, was aus ernährungsphysiologischen Gründen ohnehin zu empfehlen ist.
- ✓ Die Tränkestelle ist ca. 1,50 - 2 lfdm vom Fressplatz entfernt.
- ✓ Die Tränkestelle ist direkt neben dem Ferkelschlupf, so dass vergeudetes Wasser in den Auslauf gelangt. Zu diesem Zweck ist der Boden um die Tränkestelle herum ca. 2 cm vertieft.
- ✓ Es werden ausschließlich Beckentränken und keine Zapfentränken installiert. Ferkel und Mutter trinken aus derselben Schale. Wenn jedoch nach dem Absetzen von der Sau die Ferkel noch einige Tage in der Abferkelbucht bleiben, sollte eine zusätzliche Ferkeltränke eingebaut werden. Bei der Mutter-Kind-Tränke sorgt das Muttertier für den nötigen Wasserstand in der Schale. Für abgesetzte Ferkel stellen Mutter-Kind-Tränken dagegen die Wasserversorgung nicht gänzlich sicher, weshalb zusätzlich Ferkelbügeltränken vorzusehen sind.
- ✓ Die Verlegung der Wasserleitung im Stall sichert auch die Wasserversorgung bei frostigen Temperaturen. Trotz mancher Einrichtungen wie die Verlegung von Zirkulationsleitungen und Vorhalten von Heizaggregaten sind diese Anschaffungen nicht nur in der Anschaffung sondern auch in der Unterhaltung (Stromkosten!) kostenaufwendig. Havarien bei Stromausfall – insbesondere in längeren Frostperioden – können nach vielen leidlichen Erfahrungen aus der Praxis nicht sicher ausgeschlossen werden.

Abb. 90: Mutter-Kind-Tränke direkt neben dem Ferkelschlupf

Abb. 91: Vergeudetes Wasser fließt durch den Ferkelschlupf direkt in den Kotbereich

Abb. 92: Dieser Wasserstand signalisiert zu geringe Benutzung

Ferkel-Bügeltränke

4.16.1 Wasserleitungen sind unterflur verlegt

Wenn Wasserleitungen im Betonboden verlegt sind, müssen sie nicht gedämmt werden. Das sichert das ganze Jahr über Temperaturen von 5-10°C, so dass die Gefahr der Entstehung eines Biofilmes sehr gering ist. Deshalb erübrigen sich Einrichtungen wie die Behandlung des Tränkwassers mit Chlordioxyd, Envirolyte oder Säuren. Auch die Leitungswege sind bei Unterflur- im Vergleich zu Oberflurverlegung deutlich kürzer. Der Nachteil ist ein höherer Planungsaufwand bereits während der Herstellung des Unterbaues, wenn Unterbau und Stalleinrichtung von verschiedenen Firmen ausgeführt werden. Der Arbeits- und Kostenaufwand ist jedoch verhältnismäßig gering, da die PE-Leitungen mit Kabelhaltern an der Bodenarmierung befestigt werden – ganz im Gegensatz zu Oberflurleitungen.

Abb. 93: Unterflurverlegte Wasserleitungen

4.17 Sauenfixierung

Herausforderung 17: Sicherung des Personenschutzes bei allen Arbeiten in der Bucht wie z.B. beim Einsperren der Ferkel für Behandlungen.

Antwort der KW-Bucht: Für Schweinehalter, die in ihrem Berufsleben nichts anderes kannten, als mit Sauen in Kastenständen zu arbeiten, ist es manchmal schwer vermittelbar, mit freilaufenden Sauen zu arbeiten, die man nicht arretieren kann. Es gibt natürlich auch objektive Gründe, die dafür sprechen im einen oder anderen Fall bauliche Vorkehrungen für die kurzfristige Fixierung von Sauen zu treffen:

1. In großen Beständen mit Fremdpersonal, insbesondere bei Auszubildenden und Praktikanten, muss man sicher sein, dass Unfälle durch Beißattacken der Sauen möglichst vermieden werden.

2. Auch gibt es deutliche Unterschiede im Temperament zwischen unterschiedlichen Sauengenetiken und Betrieben. So zeigt die Erfahrung, dass Sauen aus dänischen Zuchtprogrammen in aller Regel sehr umgänglich mit dem Betriebspersonal sind. Sie sind auch als Ammen beim Zusetzen fremder Ferkel besonders duldsam. Es stört sie auch relativ wenig, wenn im Abteil Ferkel von anderen Sauen schreien. Andererseits gibt es Genetiken, bei denen durch die Unruhe einzelner Sauen die halbe Sauenherde in Alarmbereitschaft versetzt werden kann, wenn irgendein Ferkel im Abteil schreit.

Erfahrungen aus 2 Praxisbetrieben: In zwei Betrieben mit annähernd 200 Sauen musste man sich in den ersten 3 Jahren nach Einführung der KW-Bucht bei insgesamt ca. 1.000 Abferkelungen von keinem einzigen Tier wegen gefährlicher Zudringlichkeit gegenüber dem Personal trennen. Es sind auch noch keine Notsituationen geschweige Personenschäden entstanden. Allerdings erfolgt bei besonders mütterlichen Sauen ein Vermerk auf der Stalltafel. Solche Sauen kommen für die eigene Nachzucht nicht in Frage.

Ob man in Abferkelbuchten mit oder ohne Fixiermöglichkeit investiert, hängt auch davon ab, wie besonnen der Umgang mit den Sauen ist. Dies beginnt nicht erst bei der ersten Abferkelung sondern bereits bei der Auswahl der Sauen für die Eigenremontierung und beim Umgang mit den Zuchtläufern in der Aufzuchtphase.

4.17.1 Für und Wider Sauenfixierung

In nachstehender Übersicht wird das Für und Wider einer Sauenfixierung gegenübergestellt. Entscheidend sind die Sauengenetik, die Bestandsgröße und die Erfahrung des Personals mit dem Umgang von Sauen.

Kriterium	Fixiermöglichkeit	
	Ohne	Mit
Investitionskosten für Trenngitter	+	-
Eigenbaufreundlichkeit	+	-
Buchtenübersicht	+	-
Ferkel verstecken sich hinter Absperrungen	+	-
Aufwand für Buchtensauberkeit und Waschen	+	-
Personenschutz in jedem Fall gewährleistet	-	+
Eignung für größere Bestände mit Fremdpersonal	-	+
Vorteile insgesamt	**5**	**2**

+ = Vorteil   - = Nachteil

Übersicht 14: Vor- und Nachteil der Sauenfixiermöglichkeit

Abb. 94: Mit der Absperrung vor dem Nest kann die Sau arretiert werden

Abb. 95: Mit wenigen Handgriffen ist die Sau arretiert

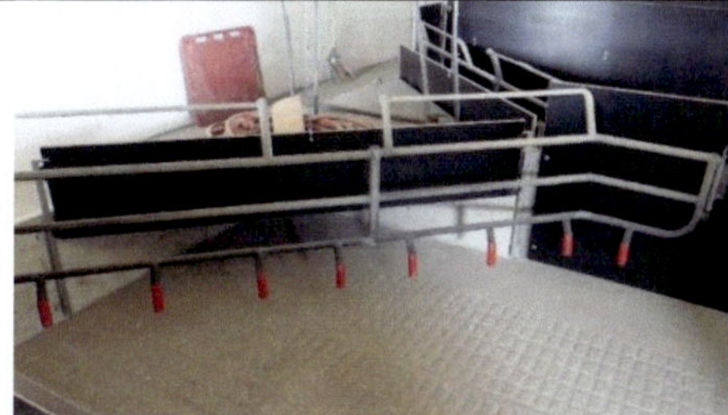
Abb. 96: Transparente Absperrung vor dem Ferkelnest

4.18 Zentral bedienbare Nestschieber

Herausforderung 18: Für die Erstversorgung der Ferkel oder bei Impfmaßnahmen sollten die Ferkel relativ mühelos, arbeitssparend und stressarm für die Muttertiere und die Betreuer im Nest fixiert werden können.

Antwort der KW-Bucht: Der Übergang vom Nest- in den Verandabereich kann mit einem zentral bedienbaren Schieber abgesperrt werden. Im besten Fall sind beim Schieberablassen alle Ferkel im Nest. Von der Eingangstür kann der gesamte Sauenliegebereich und die Veranda eingesehen werden. Falls doch ein Ferkel unter dem Schieber liegt, ist das nicht problematisch, weil der Schieber ca. 5 cm vor dem Boden endet. Der Schieber sollte aber nicht nur an der mittigen Stelle hochgezogen werden, weil er sich sonst verkanten kann. Dies wird durch je zwei Laufrollen an den beiden Enden des Schiebers verhindert.

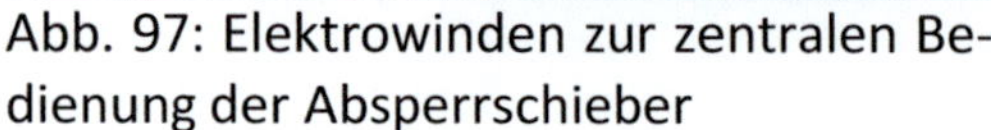

Abb. 97: Elektrowinden zur zentralen Bedienung der Absperrschieber	Abb. 98: Laufrollen am Schieber

4.19 Zentral bedienbare Nestdeckel

Herausforderung 19: Eine rasche, bequeme, zweimal tägliche und fast geräuschlose Kontrolle der Ferkelnester.

Antwort der KW-Bucht: Sämtliche Nestabdeckungen eines Abteiles können zentral angehoben werden. Meist genügt eine 60° Stellung der Abdeckung, um das Nest komplett einzusehen. Eine Arretierung des Deckels ist nicht erforderlich. Die Nestabdeckungen sollten auf der Heizwand angeschlagen sein, um die Sicht auf den Sauenliegebereich und das Ablegen von Ferkeln aus dem Sauenliegebereich zu erleichtern. Mit zentral ansteuerbaren Nestabdeckungen können rasch folgende Tätigkeiten durchgeführt werden:

- In welchen Bereichen des Nestes und in welcher Position liegen die Tiere, um bei Bedarf unmittelbar am Durchlaufbegrenzer nachjustieren zu können?
- Wird das Futter in den Nesttrögen aufgenommen?
- Muss im Nest nachgestreut werden?
- Gibt es Ferkel, die zu Kümmern neigen und für das Versetzen an eine Amme vorgesehen werden müssen?

Abb. 99: Zentral angehobene Nestabdeckungen

4.20 Entwässerung des Kotbereiches

Herausforderung 20: Die Sauberhaltung der Bucht einschließlich der Schweine beschäftigt die gesamte Branche schon lange sehr intensiv, da Arbeits- und Strohaufwand sowie Umweltrelevanz zu bedeutenden Faktoren der Wirtschaftlichkeit zählen. Die Buchten- und Tiersauberkeit ist auch entscheidend für die Tiergesundheit, das Stallklima, den Fliegenbesatz, die Vermarktung, usw.

Antwort der KW-Bucht: Die KW-Bucht ist so strukturiert, dass die Tiere deutlich zwischen Kot- und Liegebereich unterscheiden können, weil dazwischen eine Wand ist. Es kommt somit nur sehr selten zu Vermischungen dieser unterschiedlicher Funktionsbereiche. Dafür sorgt in den konventionellen Ställen eine Buchtenwand und in den Ökoställen die Stallwand zwischen Stall und Auslauf.

Für die Entwässerung des Kotbereiches stehen verschiedene Möglichkeiten zur Auswahl:

4.20.1 Planbefestigter Kotbereich mit Schlitzrinne

Schlitzrinnen haben den Vorteil, dass Flüssigkeiten einen sehr kurzen Weg haben und Ausläufe deshalb auf voller Breite entwässert werden. Der Rohrdurchmesser hängt von der Stalllänge ab. Querschnitte unter 20 cm sind jedoch kritisch für die Funktionssicherheit. Empfohlen werden bis zu einer Stalllänge von 20 lfdm Querschnitte von 20 cm, bzw. 25 cm bei längeren Ställen.

Einbauweise:

1. Die 5 m langen KG-Rohre werden zunächst waagrecht auf Betonpolster gelegt.
2. Nun wird das KG-Rohr zu 2/3 einbetoniert. Gegen Aufschwimmen wird das Rohr mit Wasser gefüllt und Drähte über das Rohr gezogen, die links und rechts verankert sind.
3. Das Rohr wird mit rostfreien Schrauben links und rechts von der späteren Schlitzrinne versehen im Winkel von 350° und 10°. Diese Schrauben reichen nur ca. 2 mm ins Rohrinnere.
4. Nun wird das Rohr vollständig mit 7 cm überbetoniert.
5. Nach wenigen Tagen wird ein durchgehender Schlitz gesägt (11 mm im Abferkelbereich, 14 mm im Aufzuchtbereich, 17 mm in der Mast und 20 mm im Wartebereich). Damit man nicht einen zweiten Parallelschnitt braucht – was meist nur unzureichend gelingt - verwendet man zwei Sägeblätter mit entsprechenden Distanzringen für die erforderliche Schnittbreite.

Abb. 100: Auslauf mit 5% Gefälle zur Schlitzrinne vor dem Aufsägen

Abb. 101: Ein- und Ablaufschacht der Schlitzinne

Abb. 102: Mit Schrauben armiertes Rohr vor dem Einbetonieren

Abb. 103: Betonsägen des 11 mm breiten Schlitzes

Abb. 104: Sägen mit 2 Sägeblättern

Abb. 105: Räumer für die Schlitzrinne

4.20.2 Planbefestigter Kotbereich mit punktuellen Einläufen

Planbefestigte Kotbereiche sind kostengünstiger als perforierte Böden mit Unterflurschiebern zu erstellen. Sie können je nach Anspruch auch mit unterschiedlichen Strohmengen betrieben werden. Entmistet wird mit Hofschleppern. Für die nötige Entwässerung sorgt ein punktueller Einlauf je Bucht. Diese münden über T-Stücke in ein KG-Rohr mit der Nennweite 200 mm. Die Einläufe sind ca. 1-2 cm tiefer als der Betonboden, damit sie beim Entmisten nicht beschädigt aber trotzdem freigeschoben werden. Beim Betonieren ist dafür zu sorgen, dass die punktuellen Einläufe immer an der tiefsten Stelle sind. Zur raschen Entwässerung helfen sogenannte „Bierflaschenrinnen", die von links und rechts zum Einlauf führen. Der bauliche Aufwand für punktuelle Einläufe ist relativ gering.

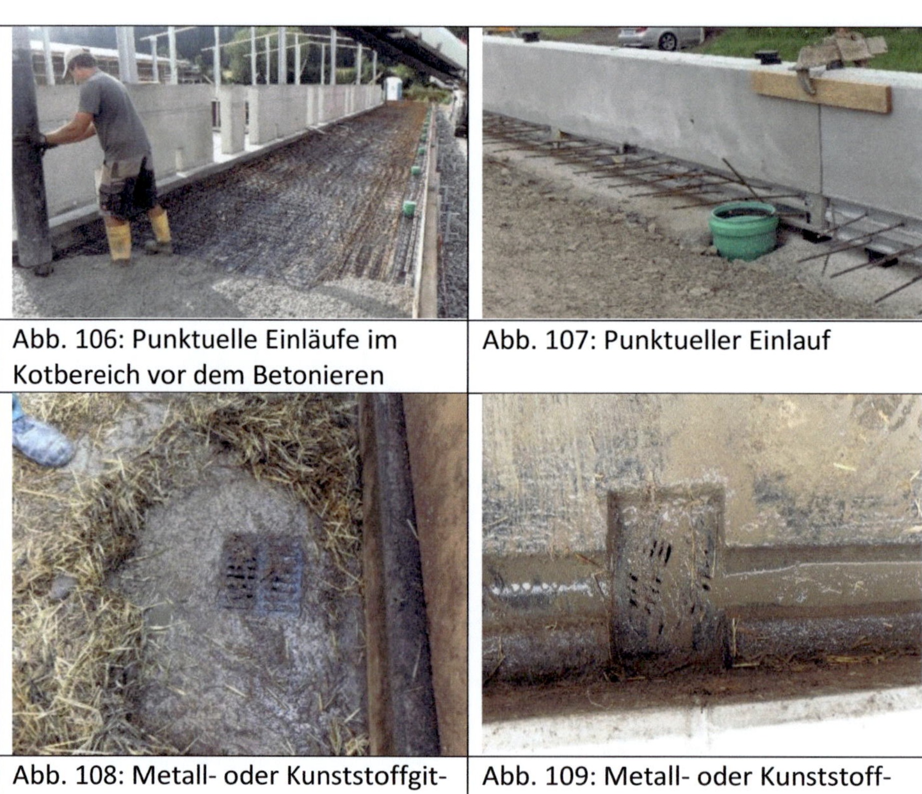

Abb. 106: Punktuelle Einläufe im Kotbereich vor dem Betonieren	Abb. 107: Punktueller Einlauf
Abb. 108: Metall- oder Kunststoffgitter ohne Zulaufrinnen	Abb. 109: Metall- oder Kunststoffgitter mit offenen Zulaufrinnen

Abb. 110: Auffangkorb für grobe Bestandteile	Abb. 111: Geöffneter Einlauf
Abb. 112: Lochblechabdeckung mit 5 mm Löchern	Abb. 113: Ausreichend Gefälle zum punktuellen Ablauf

4.20.3 Planbefestigter Kotbereich mit Außenrinne

Der bauliche Aufwand ist bei Außenrinnen vergleichsweise niedrig. Die äußere Buchtenabgrenzung endet ca. 3 cm über dem Boden, so dass Flüssigkeiten unten durchfließen können. Die Außenrinne besteht aus der verlängerten Bodenplatte mit ausmoduliertem Beton. In aller Regel hat die Außenrinne Einläufe im Abstand von ca. 5-10 lfdm, so dass bei langen Ställen die Flüssigkeiten nicht zu lange Wege machen müssen.

Zu beachten:

- Die hölzerne Schiebekante an der Auslaufwand sollte unten konisch zulaufen, damit der Mist beim Abschieben nicht den Schlitz am Boden verstopft. Nach jedem Abferkeldurchgang ist der Bodenschlitz freizumachen.

- Außenrinnen zeigen ihre Vorzüge vor allem in Abferkelbuchten. In Ferkelaufzucht- oder Mastbuchten gelangt durch die Aktivität der Tiere zu viel Mist in den Bodenschlitz. Dies führt zu einer Art von „Dammbildung", was den Abfluss von Flüssigkeiten hemmt.

- Mit reichlich Einstreu – vor allem von Langstroh - Kotbereiches wird die Funktionssicherheit der Außenrinne erhöht, weil Stroh die Flüssigkeiten filtert

Abb. 114: 4% Gefälle zur Außenrinne

Abb. 115: Die Bohlen haben 3 cm Bodenabstand

Abb. 116: Einlauf zu einem 150-er KG-Rohr

Abb. 117: Konisches Schiebeholz

Abb. 118: Das Schiebeholz sollte konisch sein

4.20.4 Planbefestigter Kotbereich mit Lochblech-Abdeckung

Lochblech-Abdeckungen haben eine relativ hohe Funktionssicherheit bei geringem Pflegeaufwand. Allerdings ist der bauliche Aufwand hoch:

1. Bis zu 20 lfdm Stalllänge werden 200-er KG-Rohre (darüber 250er-KG-Rohre) waagrecht auf Betonpolster verlegt.
2. Gegen Aufschwimmen füllt man das KG-Rohr mit Wasser und spannt Drähte im Abstand von ca. 2 lfdm über das KG-Rohr, die mit Heringen im Boden verankert werden.
3. Zunächst wird das KG-Rohr zu 2/3 einbetoniert

4. Nun sägt man vom 5 m langen KG-Rohr z.B. drei Teilstücke von je 1250 x 50 heraus. Somit verbleiben jeweils 31 cm lange Stege stehen. Das Rohr bleibt somit in seiner Form stabil.

5. In die Aussparung stellt man zwei Hölzer (1250x270x10) im Abstand von 3 cm. Der Zwischenraum wird mit Abstandhaltern ausgefüllt.

6. Auf dieses senkrechte Teil wird ein waagrechtes Brett (1250x150x20) geschraubt.

7. Auf diesem Brett wird der Beton abgezogen und zwar mit ca. 4% Gefälle von links und rechts zu diesem Brett.

8. Nach dem Betonieren wird die Schalung entfernt. In die 2 cm Vertiefung legt man das Lochblech.

9. Das Lochblech ist 15 cm breit und ist nur mittig perforiert mit 5-10 mm Löchern. Lochblechstärke 5 mm.

10. Die Lochbleche werden vorne und hinten mit kleinen Dübeln befestigt.

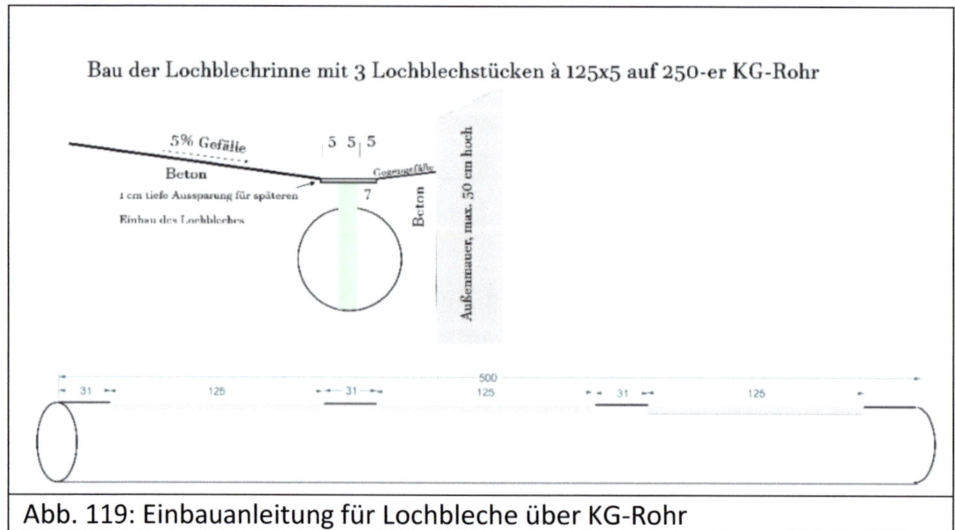

Abb. 119: Einbauanleitung für Lochbleche über KG-Rohr

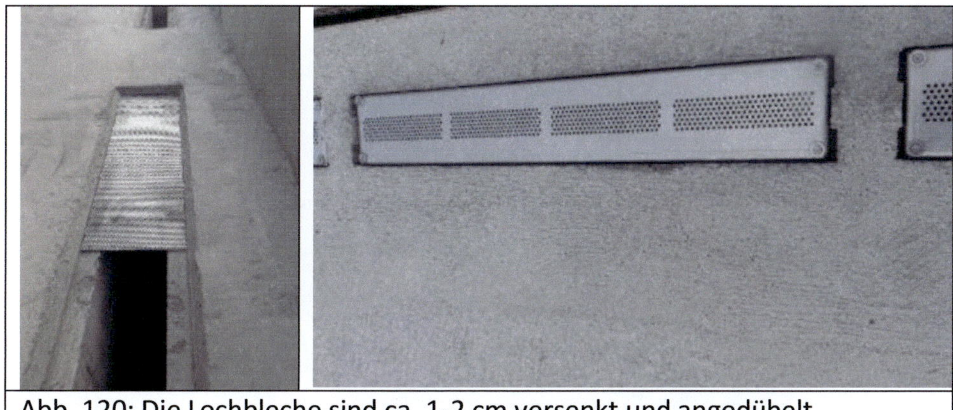

Abb. 120: Die Lochbleche sind ca. 1-2 cm versenkt und angedübelt

4.20.5 Perforierter Kotbereich mit Unterflurschieber

Kotbereiche mit Dreikant- oder Gußrösten sind sehr trocken, was der Ferkelgesundheit entgegenkommt. Für die Entfernung von nassem Stroh und Mist sind jedoch Einwurföffnungen nötig. Diese befinden sich in der Regel unterhalb der Buchtentüren, die wie eine Glocke ausgebildet sind. Beim Öffnen der Buchtentür wird die Einwurföffnung frei. Eine andere Alternative sind Abwurftrichter.

Abb. 121: Einwurftrichter im Kotbereich

Abb. 122: Vier Unterflurschieber für 2 doppelreihige Abferkelabteile

Abb. 123: Entwässerung direkt vor dem Hochförderer mit Rost

Verfahren	Schlitz-rinne	Punktuelle Einläufe	Außen-rinne	Lochblech-Abdeckung	Drei-kantrost
Baulicher Aufwand	mittel	mittel	niedrig	hoch	Sehr hoch-
Funktionssicherheit	mittel	mittel	hoch	hoch	hoch
Durchgehender Schlitz	Ja	Nein	Ja	Nein	Nein
Pflegeaufwand	hoch	niedrig	mittel	niedrig	niedrig

Übersicht 15: Vor- und Nachteile unterschiedlicher Entwässerungssysteme im Kotbereich

4.21 Gestaltung der Auslauftüren

Herausforderung 21: Türen vom Stall in den Auslauf müssen

- dem Verbiss und sonstigen Aktivitäten der Sauen auf Dauer standhalten
- im besten Fall auch Ferkeln den Durchgang ermöglichen und dabei nicht verletzungsträchtig sein
- bei Kälte, aber vor allem bei Wind die Stallausgänge abdichten
- möglichst geräuscharm schließen und kostengünstig sein

Antwort der KW-Bucht: Kostengünstig sind Siebdruckplatten mit 21 mm Stärke. Für einen sicheren Verschluss gibt es mehrere Möglichkeiten:

- Anschlag mit Konus: Robust und dauerhaft.
- Tür mit Spannfeder: Die Federn sind meist nach wenigen Jahren zu ersetzen.
- Schräganschlag der Auslauftür: Durch die Versetzung des unteren Türbandes in Richtung Anschlag öffnet die Tür gegen die Schwerkraft und schließt entsprechend. Damit solche Türen komplett schließen werden sie nicht senkrecht eingebaut, sondern stehen unten ca. 3 cm von der Wand ab. Es braucht dann links und rechts auf der Innenseite der Auslauftür Dreieckleisten, damit sie zugfrei schließt.
- Auslauftüren mit Türschließer zum geräuschlosen Schließen sind relativ kostenaufwendig.

Bei lichten Auslauföffnungen von 50 cm haben die Auslauftüren eine Breite von 55 cm. Somit überlappen sie die Öffnung auf jeder Seite um 2,5 cm. Für größtmöglichen Luftabschluss sollte die Wand für den Türeinlass ausgespart werden. Im geschlossenen Zustand ist so die Auslauftür mit der Außenwand plan. Bei dieser Art braucht man keine gekröpften Türbänder (gegenüber Auslauftüren, die auf der Außenwand aufschlagen).

Eine kritische Stelle ist der Abstand der Auslauftür zum Boden. Bei einem zu knappen Abstand besteht die Gefahr, dass die Auslauftür nicht komplett schließt was in winterlichen Situationen vermieden werden muss. Deshalb wird die Tür im unteren Bereich mit Gummistreifen versehen. Diese müssen allerdings relativ reißfest sein.

Abb. 124: Türanschläge mit Konus sind robust und langlebig

Abb. 125: Solche Federspanner sind nicht so dauerhaft

Abb. 126: Eingefasste Auslauftür wegen fehlendem Falz im Mauerwerk

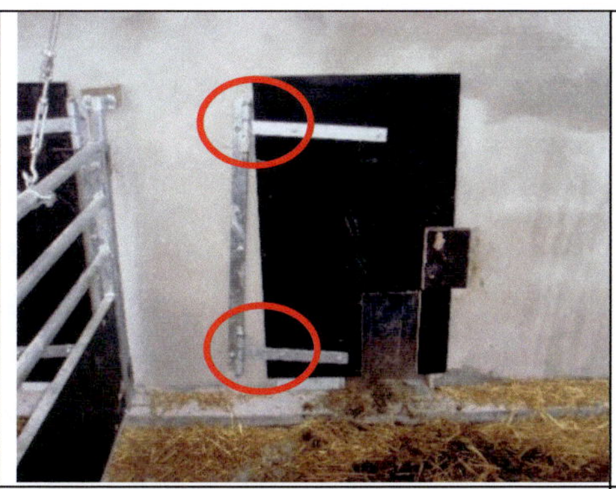

| Abb. 127: Die Auslauftür ist schräg angeschlagen | Abb. 128: Schräganschlagtür mit Verriegelungsstab |

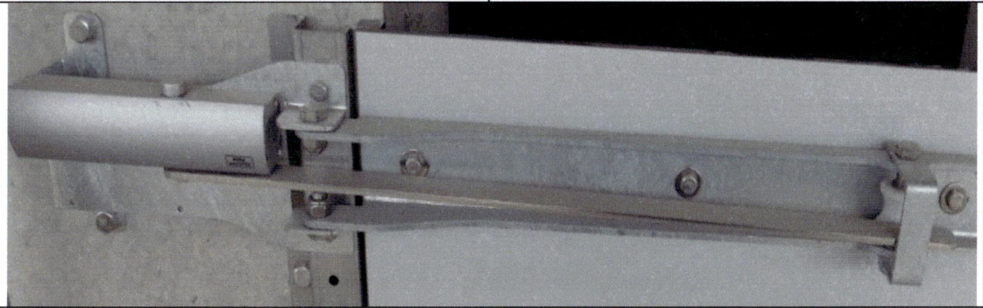

Türschließer sind kostenaufwendig (ca. 100 €), dafür sie schließen lautlos

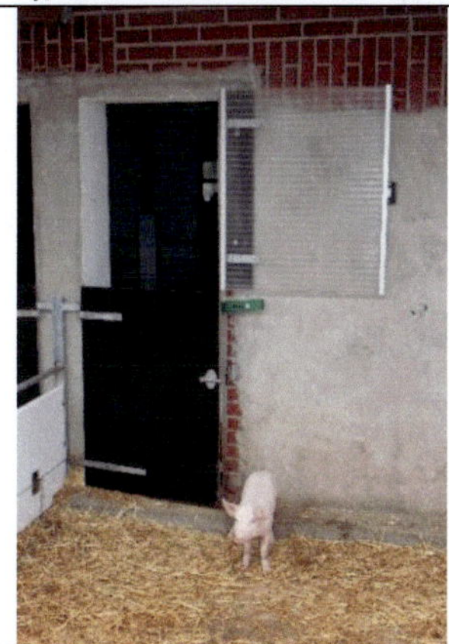

| Abb. 129: Die Auslauftüren sind nebeneinander | Abb. 130: Zweigeteilte Tür mit oberem Belichtungsteil |

4.21.1 Rüsselgriffe

Die Auslauftüren müssen von den Sauen gegen die Laufrichtung geöffnet werden. Dazu ist es notwendig, die Auslauftüren in der Ecke der Bucht anzuschlagen, so dass sich die Sau beim Öffnen der Tür parallel zur Stallwand stellen kann. Ohne längere Anlernphase funktioniert das am schnellsten, wenn die Tür am Anfang einen Spalt von 10 cm geöffnet wird. Dazu hat die Auslauftür am oberen Ende auf der Innenseite ein 50x50x200 Kantholz, das man bei Bedarf in den Türspalt drehen kann. Rüsselgriffe sind das bewährte Mittel. Hier handelt es sich lediglich um ein Stück Hartholz, dass ziemlich unten an der Auslauftür angeschraubt wird.

Ein Thema ist auch unnötiger Lärm, der durch das Schließen der Auslauftüren entsteht. Entweder man schraubt je ein kleines Gummistück oben und unten an die Innenseite der Tür oder man bohrt in die Stallwand oben und unten je ein Loch und steckt Gummistöpsel rein.

System	Konus	Spannfeder	Schräganschlag	Türschließer
Baulicher Aufwand	+	+	-	+
Baukosten	-	-	+	---
Pflegeaufwand	-	+	+	+
Robustheit	+	--	+	-
Funktionssicherheit	+	-	+	+
Übersicht 16: Vor- und Nachteile unterschiedlicher Auslauftür-Verschlüsse				

+ = vorteilhaft   - = nachteilig

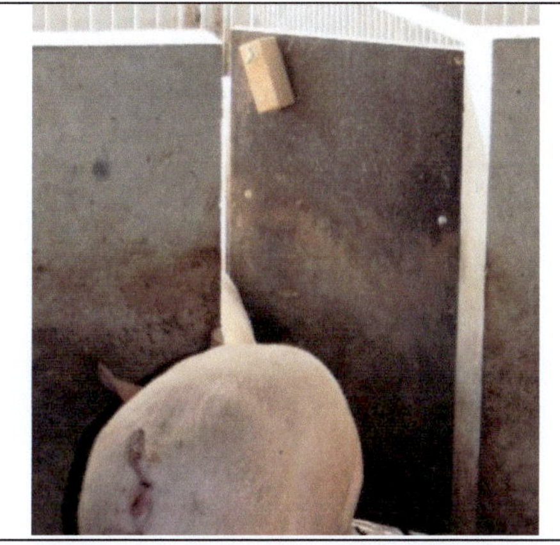

Abb. 131: Abstandhalter zum Anler- nen	Abb. 132: Gummipuffer zur Lärm- minderung

Beim Öffnen und Schließen der Auslauftüren kann Lärm vermieden werden: Ein entsprechend langes Kunststoffband – meist ausgedienter Sicherheitsgurt vom Auto - verhindert ein Aufschlagen der Auslauftüren an den Buchtentüren im Auslauf. Gummipuffer mindern den Lärm beim Schließen.

Abb. 133: Band gegen zu weites Öffnen der Auslauftür

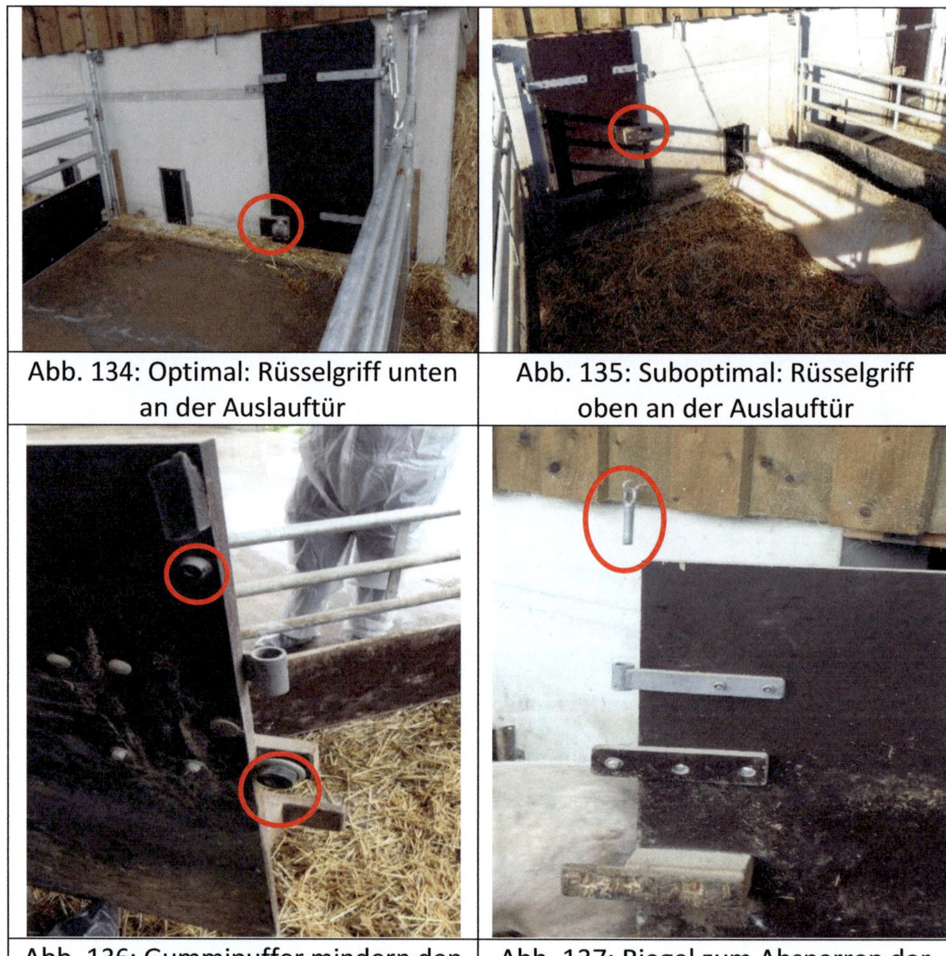

| Abb. 134: Optimal: Rüsselgriff unten an der Auslauftür | Abb. 135: Suboptimal: Rüsselgriff oben an der Auslauftür |
| Abb. 136: Gummipuffer mindern den Lärm beim Schließen der Türen | Abb. 137: Riegel zum Absperren der Auslauftür |

4.21.2 Auslauftüren zweiflüglig

Der Personenverkehr zwischen Stall und Auslauf sollte mühelos möglich sein. Um dies sicherzustellen, werden vor allem beim Neubau zweiflügelige Auslauftüren bevorzugt eingebaut.

| Abb. 138: Zweiflügelige Auslauftüren | Abb. 139: Arretier-Vorrichtung an der Auslauftür |

Darüber hinaus sollte die Auslauftür auch eine Vorrichtung zur Arretierung haben. Diese wird dann gebraucht, wenn das Risiko besteht, dass Sauen über Nacht im Auslauf ferkeln, was bei tiefen Temperaturen für die Ferkel problematisch wäre. Außerdem sollte der untere Türflügel von außen **und** innen verriegelt werden können. Dazu wird der obere Türflügel geöffnet.

4.21.3 Buchtentore bei 1,50 m breiten Kotbereichen im Stall

Bei innenliegenden planbefestigten Kotbereichen müssen die Buchtentore zum Entmisten umgeschwenkt werden, um Sauen und Ferkel vom Mistgang fernzuhalten. Bei 2,25 m breiten Buchten mit spiegelbildlicher Anordnung und nur 1,50 m breitem Mistgang ist jedes zweite Buchtentor zur vollständigen Buchtenabsperrung um 75 cm zu kurz. Jedes zweite Buchtentor braucht deshalb eine teleskopartige Verlängerung, die beim Schließen des Buchtentores herausgezogen werden kann. Zum Entmisten muss zusätzlich jeder zweite Ferkelschlupf mit einem Schieber verschlossen werden.

4.22 Buchtentore und -verschlüsse

Herausforderung 22: Regelmäßig durchzuführende Arbeiten müssen bequem und rasch erledigt werden können. In Ställen mit planbefestigten, eingestreuten Böden ist davon auszugehen, dass sie zweimal wöchentlich oder besser jeden zweiten Tag entmistet werden. Besonderes Augenmerk verdienen die Buchtentorverschlüsse, die einige Anforderungen zu erfüllen haben:

✓ Sicherheit gegenüber dem Erkundungsverhalten der Schweine. Da die allermeisten Buchtenverschlüsse nur an einer Stelle arretieren, sollte diese Stelle am Anfang des unteren Drittels der Buchtentür sein. Die Schweine entwickeln knapp über dem Boden große Hebelkräfte.
✓ Arbeitssparsam in der Bedienung.
✓ Robuste Ausführung mit langer Haltbarkeit.
✓ Materialsparsam bzw. kostengünstige Erstellung.

Die Buchtentore von Abferkelbuchten dürfen maximal 6 cm Abstand zum Boden haben. Dies gilt für die volle Länge bei zum Beispiel 2,50-3,00 m tiefen Ausläufen mit einem Bodengefälle von 4%. In Abferkelbuchten ist die Schiebekante nur 5 cm hoch, damit die Buchtentore beim Schließen vollständig auf der Schiebekante stehen.

Antwort der KW-Bucht: In der Praxis sind Fallriegel- und Schiebeverschlüsse verbreitet.

4.22.1 Fallriegelverschluss

Bei diesem Verschluss muss der Haltestift nur ca. 3-5 cm aus der Verankerung angehoben werden, um das Buchtentor zu öffnen. Beim Schließen des Tores läuft der Haltestift auf einer Schräge nach oben und fällt dann ohne jegliches Zutun in die Aussparung. Da die Buchtentore in aller Regel nur in einer Richtung geöffnet werden, ist es vorteilhaft, die Aussparung auf einer Seite mit einem Flacheisen als Anschlag zu versehen. Der Fallriegel ist in der Länge so zu bemessen, dass er von hochsteigenden Schweinen nicht hochgezogen bzw. entriegelt werden kann. In der Praxis hat sich eine Griffhöhe von 1,20 m bewährt.

Abb. 140: Anlauf und Anschlag für Fallriegel

Abb. 141: Buchtentür am Kontrollgang mit Fallriegel

Abb. 142: Buchtentor mit zweifacher Fallriegel-Arretierung

Abb. 143: Schweres und langes Verriegelungsrohr

4.22.2 Waagrechter Schiebeverschluss

Mit einem Hebel wird gegen den Druck einer Feder ein waagrechter Haltebolzen aus der Verankerung gezogen. Die Verankerung muss aus Metall sein, da Holz mit der Zeit ausschlagen würde. Mit einem schrägen Anlauf ist hier auch gewährleistet, dass beim Schließen der Haltebolzen auf der Schräge bis zur Arretierungsstelle anläuft und dann ohne weiteres Zutun einrastet. Der Entriegelungshebel hat am oberen Buchtenrohr eine Sicherungsklappe.

Die Aussparungen für die Haltebolzen der Buchtentore dürfen nur unwesentlich größer sein als die Durchmesser der Haltebolzen, da sonst unnötig Lärm verursacht wird. Möglichst eng aufeinander abgestimmte Größen für Haltebolzen und Aussparung verlangen eine exakte Einstellung. Aus diesem Grund sind Zugseile montiert, die von Zeit zu Zeit in ihrer Länge mit Seilspannern nachverstellt werden können.

Wichtig: Die Haltungsvorrichtungen dürfen beim Entmisten nicht im Wege stehen. Sie müssen deshalb in der Auslaufwand versenkt sein.

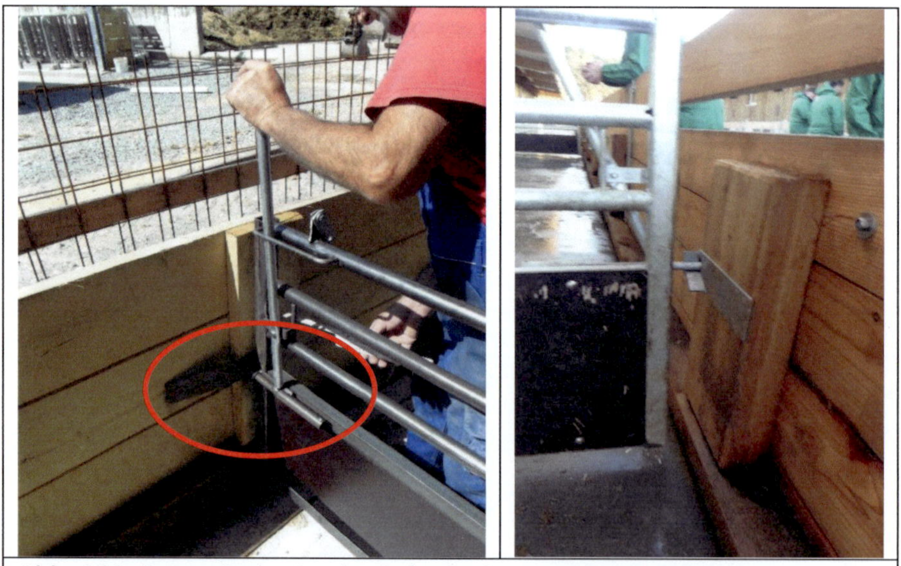

Abb. 144: Gegen Federdruck wird mit einem Hebel entriegelt

4.22.3 Aufhängung des Buchtentores an einem Halteseil

Da Ausläufe ein Gefälle haben, die Buchtentore zum Boden aber auf der ganzen Länge den gleichen Abstand haben müssen, wird das Buchtentor beim Öffnen angehoben. Dafür sind Zugseile auf dem letzten Drittel des Buchtentores und an der Stallwand befestigt, wobei der Fixpunkt an der Stallwand entsprechend in der Gegenrichtung versetzt ist. Somit verkürzt sich der Weg beim Öffnen des Buchtentores – es wird angehoben. Für einen relativ kräftesparenden Hebevorgang gibt es drei verbreitete Möglichkeiten:

- ✓ Senkrechtes Rohr in der Größe von z.B. 1,5". Dieses Rohr führt das Auslauftor, an dem 2"-Rohrstücke angeschweißt sind, nach oben.
- ✓ Ein Langloch an der oberen Haltung bietet dem Auslauftor genügend Spielraum beim Öffnen.
- ✓ Das Auslauftor wird über einen Konus hochgehoben.

Abb. 145: Das Buchtentor bewegt sich an dem senkrechten Rohr nach oben

Abb. 146: Langloch an der oberen Buchtentor-Aufhängung

Abb. 147: Auslauftor mit Konus	Abb. 148: Seilspanner am Zugseil zum Anheben des Tores

4.22.4   Wie bei nicht quadratischen Ausläufen?

Standardmäßig sind KW-Abferkelbuchten 2,50 m breit und die Ausläufe quadratisch. Bei tieferen Ausläufen mit beispielsweise 3 m, was der Sauberkeit und dem Strohaufwand entgegenkommt, überlappen die Buchtentore beim Öffnen um ca. 70 cm. Um die Arbeit zu erleichtern, hat ein einfallsreicher Mitarbeiter an der HBLFA Raumberg-Gumpenstein, Außenstelle Wels-Thalheim bei Institutsleiter Dr. Werner Hagmüller den Fallriegel mit einem Fanghaken versehen. Dieser Fanghaken ist an das obere Ende des Fallriegels angeschweißt. Beim Öffnen der Buchtentore wird der Fanghaken beim jeweils nächsten Buchtentor eingehängt.

Abb. 149: Ineinander verhakte Auslauftore sind halb geöffnet	Abb. 150: Auslauftore komplett geöffnet

Merke: Beim Öffnen der Buchtentore sollten sich möglichst keine Tiere im Auslauf aufhalten, weshalb man im besten Fall die Fütterung mit der Entmistung zeitlich verbindet.

Eine andere Möglichkeit ist, bei 3,00 m tiefen und 2,25 m breiten Ausläufen den Bereich direkt am Stall mit einem 75 cm Streifen zu versehen, der dann nicht befahrbar ist. Erfahrungsgemäß wird dort wenig Mist abgesetzt. Vorteil ist dabei, dass beim Öffnen der Tore die einzelnen Sauen nicht in den Stall getrieben werden müssen, da sie auf dem Vorplatz während der Entmistung „parken" können.

4.22.5 Über Schwellen und Schiebekanten

Schwellen, insbesondere relativ hohe und schmale von nur 30 cm Breite, sind für Schweine nicht problemlos zu begehen. Sie haben auch wenig Nutzen, weil z.B. Schmutzwasser nicht in den Auslauf ablaufen oder Mist nicht ohne Hindernis aus dem Stall gekehrt werden kann.

Dagegen kann auf die Stufe im Auslauf als Schiebekante nicht verzichtet werden. Sie muss so breit sein, dass auch überlappende Buchtentore darauf Platz haben und man bei der Entmistung keinen Schaden anrichten kann. In der Praxis hat sich eine Stufenbreite von 20-30 cm bewährt. Viel breitere Stufen neigen zur Verschmutzung. Die Schiebekante ist 5 cm hoch, so dass die Buchtentore auf der Schiebekante fixiert werden können. Als Abstand der Buchtentore zum Boden sind 6 cm einzuhalten.

Abb. 151: Solche Schwellen sollten vermieden werden

Abb. 152: Keine Schwelle vom Stall in den Auslauf

4.22.6 Einstreuen planbefestigter Kotbereiche

Weder im Mistgang im Stall noch in den Ausläufen kann gänzlich auf Einstreu verzichtet werden. Zu knappe Einstreu führt einerseits zu erhöhten Emissionen und andererseits zu verschmutzten Gesäugen. In kleinen und mittleren Beständen werden die Kotbereiche händisch eingestreut. In größeren Beständen ist jedoch technische Unterstützung angesagt. Entmistung und Einstreuen können getrennt erfolgen, aber auch in einem Vorgang, indem vorne der Mist abgeschoben und hinten zugleich eingestreut wird.

Abb. 153: Entmistung und Einstreuen erfolgt in einer Fahrt

Abb. 154: Einstreugerät der Firma Mehrtens für Rund- und Quaderballen

Abb. 155: Maschine von der Firma Flingk zum Einstreuen von außen

Abb. 156: Dieser umgebaute Miststreuer erleichtert das Einstreuen,…

Abb. 157: … weil das Stroh bereits grob verteilt werden kann

Abb. 158: Schiebekante nötig: Arretieranschlag **an** Auslaufwand

Abb. 159: Schiebekante unnötig: Arretieranschlag **auf** Auslaufwand

4.23 Stall mit Längsgefälle (optional)

Herausforderung 23: Nicht zu selten muss das Baugelände mehr oder weniger eingeebnet oder aufgeschüttet werden, um Gebäude ebenerdig zu erstellen. Der Aufwand kann erhebliche Kosten verursachen.

Antwort der KW-Bucht: Die Nivellierung des Baugrundes durch Abgraben oder Aufschütten kann teilweise oder ganz vermieden werden, indem der Stall in voller Länge an das vorhandene Gefälle angepasst wird. Bei dieser Bauweise stehen Stallgiebel, Stallstützen und Buchtenwände nicht senkrecht. Sie sind vielmehr an das Stallgefälle angepasst. Bei Gebäudehöhen von 3-4 m sind die Giebel nur um wenige Zentimeter geneigt.

Die Erfahrungen mit einem Stall-Längsgefälle von 2% sind positiv:

- Weniger Kosten für die Erstellung eines waagrechten Baugrundes
- Die Jaucherinne im Auslauf hat bereits das gleiche Gefälle, was die Entwässerung begünstigt
- Da die Abferkelbuchten nach außen 1-2% Gefälle im Stall und 4% im Auslauf haben, läuft Schmutzwasser nur in Stall-Längsrichtung ab. Es gelangt vom Stall über die Sauentür oder den Ferkelschlupf direkt in den Auslauf.
  Merke: Im Bereich der Tränke ist in jeder zweiten Bucht der Betonboden im Tränkebereich so zu formen, damit vergeudetes Wasser nur durch den Ferkelschlupf in den Auslauf gelangen kann.

Abb. 160: Dieser Kontrollgang ist hinten 120 cm tiefer als vorne

Abb. 161: Die Stallstützen stehen nicht senkrecht

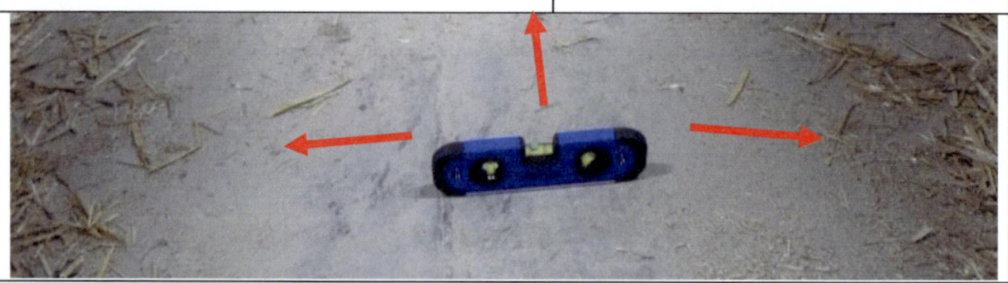

Abb. 162: Der Kontrollgang hat 2% Gefälle in 3 Richtungen

Abb. 163: Die Buchtentüren öffnen „bergauf bzw. bergab"

5   Zusammenspiel von Menschen und Tieren

Die KW-Bucht bietet haltungstechnisch eine solide Grundlage für möglichst niedrige Saugferkelverluste. Ob das gelingt, hängt auch zu einem beträchtlichen Teil von der Zahl an lebend geborenen Ferkeln, vom Management und den Sauen als wichtigste „Mitarbeiterinnen" im Stall ab. Was verdient dabei besonderes Augenmerk?

5.1   Abferkeln im Kotbereich minimieren bzw. verhindern

Abferkelungen im Kotbereich oder im Auslauf sollten vermieden werden. Da diese Gefahr hauptsächlich bei hohen Außentemperaturen in der Nacht besteht sollten auffällige Sauen am späten Abend in den Sauenliegebereich gesperrt werden. Auslauftüren haben dazu einen Absperrriegel. In den Nachtstunden steht der Sau Wasser in der Bucht zur Verfügung. Selbstverständlich sollte in den Tagen vor der Geburt im Auslauf keine Einstreu angeboten werden.

Abb. 164: Riegel zum Verschließen der Auslauftür

5.2 Abferkeln direkt vor dem Ferkelnest fördern

Ziel ist die freie Abferkelung direkt vor dem Ferkelnest auf dem aufgewärmten Boden. Folgende Maßnahmen fördern dieses Bestreben:

- In der Zeit um die Geburt sind Störungen wie z.B. Baulärm oder übermäßiger Kontrollaufwand möglichst zu vermeiden.
- Im Auslauf bzw. bei Stallhaltung im innenliegenden Kotbereich wird um die Tage der Geburt nichts eingestreut. Dagegen gibt es reichlich Stroh im Sauenliegebereich, um dort das Nestbauverhalten anzuregen.

Abb. 165: Möglichst keine Einstreu im Auslauf um die Abferkeltage

Abb. 166: Dieses Tier hat die Bucht selbst eingestreut

- Der Nestvorhang ist ganz nach oben gezogen, so dass die Wärme aus dem Nest herausströmen kann. Dies ist besonders bei niedrigen Außentemperaturen vorteilhaft: Die Sauen legen sich dann instinktiv nahe an das Ferkelnest.

- Nachdem die Ferkel das Aufsuchen des Nestes sicher gelernt haben, wird der Nestvorhang fast bis zum Boden abgesenkt. Einerseits spart man so Energiekosten und heizt andererseits den Stall nicht unnötig auf.

Abb. 167: Nestvorhang hat die ersten Tage ca. 25 cm Bodenabstand

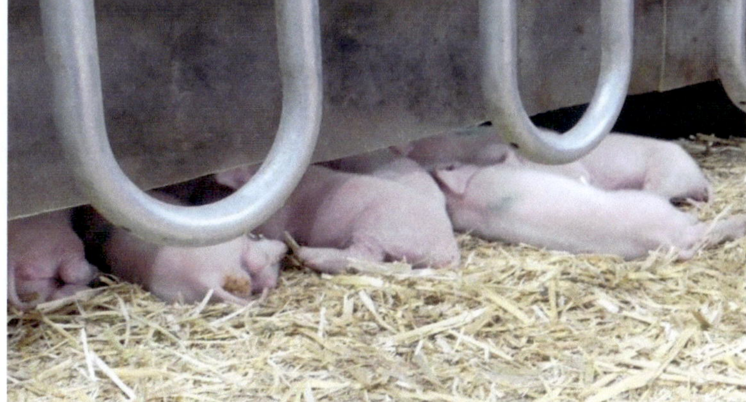

Abb. 168: Nestvorhang ist halb unten 2-3 Tage nach der Geburt

Abb. 169: Nestvorhang ist 3-4 Tage nach der Geburt fast ganz unten

5.3   Ferkel zum Aufsuchen des Nestes animieren

- Nach der Geburt entfernt man das vernässte Stroh aus der Bucht. Im Sauenliegebereich gibt es in den ersten drei Lebenstagen nur etwas Sägemehl
oder Trockenpulver. Im schon zwei Tage vorgeheizten Ferkelnest ist dagegen reichlich Stroh. Manche Würfe müssen auch ein paarmal im Nest abgesperrt werden, um sie aus der Gefahrenzone der Mutter zu bringen.

- Am leichtesten gelingt dies bei niedrigen Außentemperaturen. Stalltemperaturen von 5-10°C wenige Tage nach der Geburt senken die Saugferkelverluste deutlich.

- Nach ca. einer Woche wird die Einstreumenge in der Abferkelbucht wieder
hochgefahren. In der Regel streut man nur das Ferkelnest ein. Von dort gelangt genügend Stroh in den Sauenliegebereich.

- Ab der 2. Lebenswoche wird der Auslauf wieder eingestreut.

- In Abhängigkeit von den Außentemperaturen wird beizeiten die Heizung des Sauenliegebereiches abgeschaltet. Spätestens dann, wenn die Sau diesen Bereich zum Liegen eher meidet.

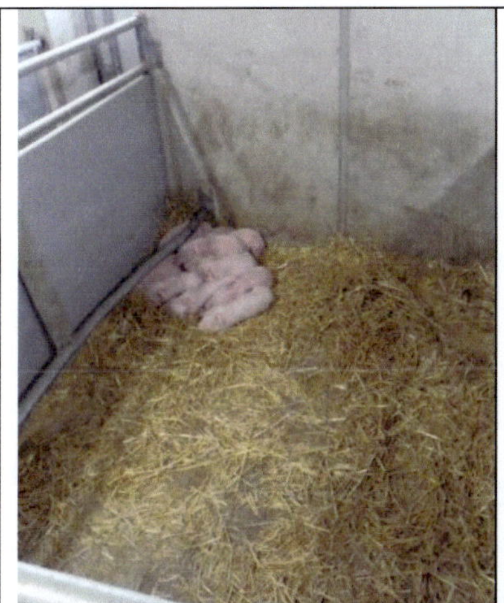

Abb. 170: Diese Ferkel sind gefährdet. Es ist zu viel Stroh in der Bucht

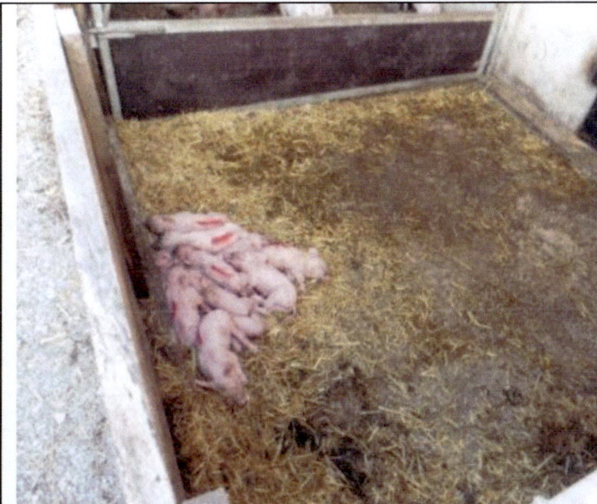

Abb. 171: Zu viel Stroh im Auslauf für Neugeborene

Abb. 172: Eingestreuter Auslauf ca. eine Woche nach der Geburt

- Die ersten 3 Lebenstage hindert ein Brett die Ferkel daran, in den Kotbereich bzw. Auslauf zu gelangen. Die Dauer dieser Phase hängt von der Ferkelgewichten, den Außentemperaturen und der Höhe der Absperrung an der Auslauftür ab. Die Höhe von nur 20 cm können manche Ferkel schon wenige Stunden nach der Geburt überwinden. Sie kommen aber nicht mehr in den Stall zurück. Deshalb empfiehlt sich eher eine Absperrung in Höhe von 25 cm. Nach Entfernung der Absperrung öffnet man auch den Ferkelschlupf, durch den die Ferkel leichter in den Stall zurückfinden.

- Ausläufe sind entgegen ökologischer Vorgaben in den ersten Lebenstagen für Ferkel keine geeigneten Aufenthaltsorte. Sie finden nicht sicher in den Stall zurück, können leicht unterkühlen und sind insbesondere in teilüberdachten Ausläufen Sonnenbrand ausgesetzt.

Abb. 173: Sonnenbrand ist in teilüberdachten Ställen nicht immer vermeidbar

5.4   Bei Zuchtläufern Abliegen an Buchtenwänden fördern

Bereits in der Aufzuchtphase der Jungsauen muss das Abliegen der Tiere an Buchtenwänden entlang gefördert werden. Dies gelingt bevorzugt in Kleingruppen mit ca. 6-10 Tieren in ziemlich schmalen Buchten von maximal 2 m Breite. Mit diesen Maßnahmen unterstützt man die Sauen in ihrem angeborenen Verhalten, im Schutz von Wänden abzuliegen.

Abb. 174: Ausgeprägtes Wandliegen

Abb. 175: 2 m breite und 5 m tiefe Buchten mit Mistgang im Stall

Abb. 176: 2 m breite Bucht mit seitlich abgedecktem Liegebereich

5.5   Umgang mit den Sauen

- Erfolgreiche freie Abferkelungen hängen von aufmerksamen aber trotzdem umgänglichen Sauen ab. Eigenremontierer haben dafür beste Voraussetzungen: Die gesamte Sauenherde bietet eine breite Grundlage für Selektionsmaßnahmen.

> **Beispiel**: Bei 100 Sauen müssen jährlich ca. 50 Jungsauen bereitgestellt werden. Dazu sind nur 5 besonders leistungsfähige Sauen nötig, also nur 5% vom Bestand.

- Darüber hinaus sollten Zuchtläufer bereits ab 30 kg in kleinen Gruppen mit viel menschlichem Kontakt gehalten werden. Bevorzugt sollte das Nachzuchtabteil nicht abseits, sondern an den üblichen Laufwegen liegen. Täglich gibt es mehrmals direkten Kontakt mit einem Leckerli in Form von Zuckerwürfeln, Äpfeln, Maisstengeln, Gras, Maiskörnern, Ackerbohnen usw.
- Die Primadonnen sollten rücksichtsvoll behandelt werden, z.B. bei der
    - Durchführung von Impfmaßnahmen,
    - beim achtsamen Umgang mit den Sauen in den wenigen Tagen nach der Geburt, wenn sich Sauen besonders mütterlich verhalten,
    - bei der Ferkelkastration in einem entfernten, separaten Raum, usw.

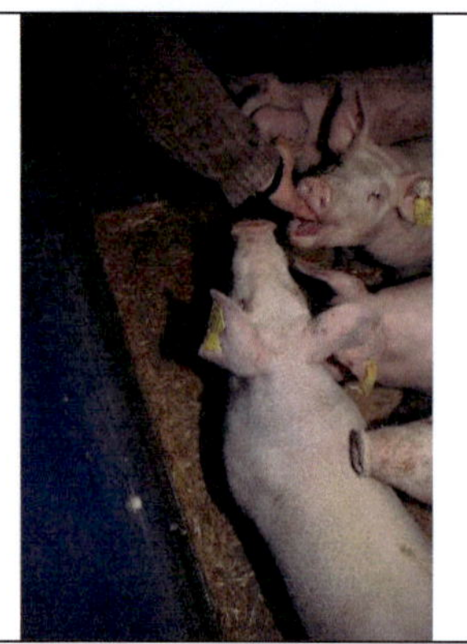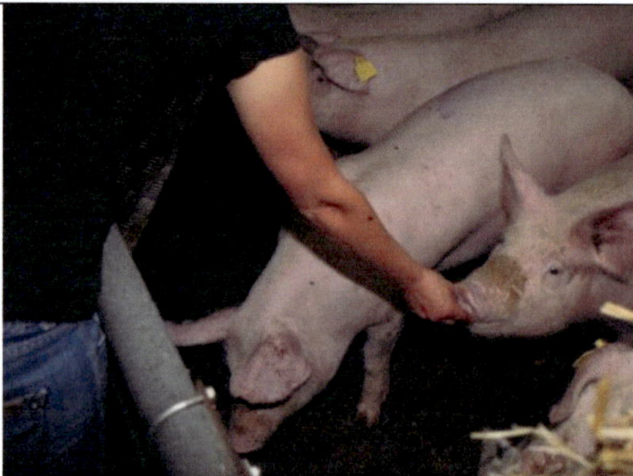

Abb. 177: Es gibt Leckerli für die „Primadonnen"

6   Maßangaben für die KW-Bucht

- Buchtenmaße für die konventionelle KW-Bucht: 225-250x250 für Liegebereich plus 225-250x150 für Kotbereich = 9,0-10,0 m²
- Buchtenmaße für die ökologische KW-Bucht: 225-250x350-300 für Stallbereich plus 225-250 x 300-250 für Auslauf = ca. 13 m²
- Gefälle im Stall: 2%
- Gefälle im Auslauf: 4%
- Buchtenwandhöhe: 1,00 m
- Seitenlängen für Dreiecknest: 150x150
- Seitenlängen incl. Veranda: 190x190. Die Veranda ist somit 30 cm breit
- Abstand zwischen Nestvorhang und Absperrgitter: 30 cm
- Ferkelnesthöhe: 50 cm
- Absperrgitter vor Veranda: Waagrechtes Teil 30 cm vom Boden, innerhalb der Metallschleifen 15 cm, zwischen den Metallschleifen 22 cm, Bodenabstand der Metallschleifen 15 cm
- Eingangstürbreite: 50 cm
- Höhe Abliegewände: Ca. 90 cm, Abstand zum Boden 20 cm, Abstand zur Buchtenwand 15 cm
- Auslauftür in der Längsachse der Buchten-Eingangstür: 50x120
- Oberer Flügel der Auslauftür mit Belichtung: 50x80
- Ferkelschlupf: 22x35
- Höhe Absperrung an Auslauftür: Mit Brett 25 cm bzw. Gummimatte 30 cm
- Höhe Schiebekante an der Stallwand entlang: 5 cm
- Breite Schiebekante: 20-30 cm (je nach Buchtentorgestaltung)
- Abstand Auslauftor zum Boden: 6 cm
- Auslauftorausführung: Untere 30 cm geschlossen und 64 cm mit waagrechten Rohren
- Äußere Auslaufabtrennung: 1 m hoch
- Bei Außenrinne: Abstand der Auslaufwand zum Boden: 3 cm

- Schüttelrohr für Bodenfütterung 2"
- Abstand Schüttelrohr zum Boden 2-3 cm

Raumaufteilung der Abferkelbuchten

Die Zahl der Abteile hängt von der Bestandsgröße, von den betrieblichen Gegebenheiten und von der Säugedauer ab. Nachstehende Abb. zeigt den Grundriss
für einen Betrieb mit 112 Sauen, der im Dreiwochenrhythmus 16-er Gruppen
bei 4-wöchiger Säugezeit hält. Für jede Gruppe stehen 4 Reserveplätze für Ammen zur Verfügung. Dieser Grundriss bietet die Option zur Umstellung auf ökologische Ferkelerzeugung.

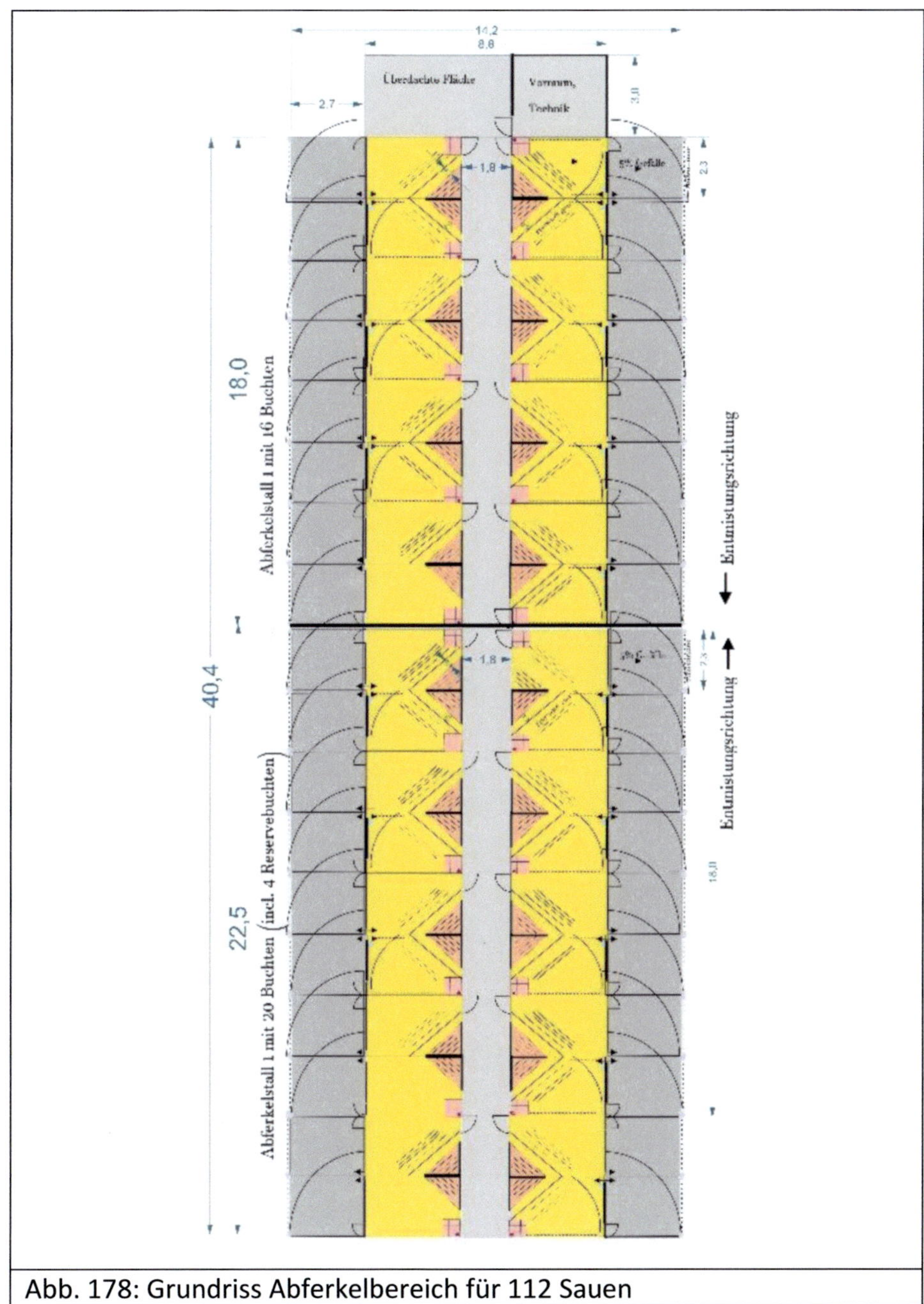

Abb. 178: Grundriss Abferkelbereich für 112 Sauen

7   Nachhaltige Baumaterialien

Bei der Auswahl der Bauweise bzw. den Baustoffen für den Oberbau steht einerseits der Mineralbau und andererseits der Vollholzbau zur Verfügung. Nachfolgende Tabelle vergleicht die beiden Bauweisen.

Kennwerte	Mineralbau	Vollholzbau
Bedarf an Zement	Zementherstellung verursacht 7% der weltweiten CO2-Emissionen (Flugverkehr 2,5%)	entfällt
Bedarf an Stahl und Steinkohle	Lange Transportwege für Eisenerz und Steinkohle (z.B. aus Übersee)	Sehr kurze Transportwege
Schaumstoffe	Basis ist Erdöl	entfällt
Bedarf an Sand	Eine endliche Ressource	entfällt
Logistik auf Baustelle	Schwere Wandelemente stellen hohe Anforderungen an Zufahrten und Kräne	Relativ leichte Materialien
Lärmentwicklung im Gebäude	Glatte Materialien dämmen wenig Schallgeräusche	Holz, insbesondere sägerau ist schallmindernd
Diffusionsfähigkeit des Baustoffes	Keine Diffusion	Diffusion möglich
Eigenleistungsfreundlichkeit, Bearbeitbarkeit	Erfordert spezielles Gerät	Hohes Potential für Eigenleistungen bzw. Kosteneinsparung
Dämmeigenschaften	Sehr gut, aber nicht in dem Ausmaß erforderlich	Für Niedrigtemperaturställe ausreichend
Extra Dämmung nötig	Ja	Nein

Kennwerte	Mineralbau	Vollholzbau
Brandschutz	Derzeit noch begünstigt	Derzeit noch benachteiligt
Schweineverbiss	nagesicher	Mit Einstreu nicht problematisch
Wetterbeständigkeit	Sehr wetterfest	Holz verwittert (= ästhetische Frage). Vordachgestaltung
Baukosten	Unterschiede hängen von Planung und Ausführung ab	
Aufwand bei Änderungen am Bau	Relativ aufwendig	Einfach durchzuführen
Wiederverwertung/Entsorgung	Meist sehr kostenaufwendig	Unproblematisch
C02-Footprint	Äußerst ungünstig	Besonders günstig
Schadnager-Schutz	Dämmstoffe bieten reichlich Unterschlupf für Schadnager	Keine Dämmstoffe erforderlich

Übersicht 17: Bauweise als Mineral- oder Vollholzbau

Holz ist in Zeiten des Klimawandels ein vortrefflicher Baustoff. Bei allen anderen Baustoffen ist das anders. Sauerstoff ist das Abgas der Holzbauweise. Doch warum ist dann Deutschland im Vergleich zu anderen europäischen Ländern im Holzbau das Schlusslicht?

Immer wieder wird in Deutschland der Brandschutz als Problem formuliert, das immer noch mit dem Luftkrieg im 2. Weltkrieg in Verbindung gebracht wird. Europaweit ist man zum Brandschutz längst anders als in Deutschland eingestellt. Holzbauten sind im Brandfall für das Löschpersonal sogar berechenbarer, da sie gleichmäßig brennen. Eine brennende Stahlkonstruktion hingegen stürzt unberechenbarer in sich zusammen.

Der nachwachsende Baustoff Holz stabilisiert das Klima in doppelter Weise: Ein Kubikmeter Holz bindet annähernd eine Tonne Kohlendioxid und nachgepflanzte Bäume entziehen der Atmosphäre Kohlendioxid. Holz als Baumaterial lässt sich weitgehend wiederverwenden. Das Gebäude wird nicht luftdicht verpackt, so dass für Menschen und Tiere ein angenehmes Raumklima entsteht.

Es gibt auch Bedenken von hygienischer Seite mit Aussagen: Holz kann nicht – im Gegensatz zu Kunststoffpaneelen – ausreichend gereinigt und desinfiziert werden. Erfahrungen aus Jahrhunderten mit Holz sprechen dagegen. Wie könnte sonst Holz in vielen Ländern in den Haushalten als sogenannte Vesperbrettchen oder auch in Metzgereien als Hackklotz im Einsatz sein? Besonders geeignet im unmittelbaren Tierbereich sind die Holzarten Lärche, Eiche, Akazie und Robinie (= das „Teakholz" Europas). Aber auch Tanne, Fichte, Kiefer, usw. können – vor allem in Ställen mit Einstreu – verwendet werden.

| Abb. 179: 10 cm starke Vollholzdachelemente aus Konstruktionsvollholz (KVH) | Abb. 180: Blick auf den First mit 10 cm starken Vollholzdachelementen |

Abb. 181: Abferkelstall aus 10 cm sägerauem Vollholz

Abb. 182: Freitragende Stahlkonstruktion: Baukostenvergleich: 300%

Abb. 183: Holzkonstruktion mit Auflage am Stall: Baukostenvergleich: 100%

8 Abbildungsverzeichnis

Abb. 1: Sau sammelt Stroh für den Nestbau 16

Abb. 2: Unbehelligtes Abferkeln im Wartestall 17

Abb.3: Leichtes Entmistungsgerät für jeden 2. Tag 21

Abb. 4: KW-Bucht mit 2,50 m tiefem Auslauf für Ökobetriebe 23

Abb. 5: KW-Bucht mit 3 m tiefem Auslauf für Ökobetriebe 23

Abb. 6: KW-Bucht mit innenliegendem Kotbereich für konventionelle Betriebe 24

Abb. 7: Zweireihiger Stall mit Pultdachkonstruktion 28

Abb. 8: Außenklimastall mit Buchtenabdeckungen 28

Abb. 9: Ställe mit KW-Buchten brauchen keine Buchtenabdeckungen 29

Abb. 10: Blick vom Stall auf die Lüftungs- und Belichtungsklappen 30

Abb. 11: Blick vom Auslauf auf die Lüftungs- und Belichtungsklappen 30

Abb. 12: Steuereinheit für die Lüftungsklappen 30

Abb. 13: Lüftungsöffnungen (60x100) mit Drehklappe 30

Abb. 14: Thermostatisch gesteuerte Lüftungsklappen 32

Abb. 15: Schiebeelemente in Ställen ohne Ausläufe 32

Abb. 16: Verzicht auf Dämmung der Heizleitungen 33

Abb. 17: In der Regel sind die Heizleitungen gedämmt 33

Abb. 18: Werkzeug zum Biegen der Heizleitungen 35

Abb. 19: Verbindung von Endstücken möglichst in der Heizwand 35

Abb. 20: Verlegung der Heizleitungen 35

Abb. 21: Heizleitungen in einem Abferkelabteil 36

Abb. 22: Nur der Boden vom Nest und der Veranda ist gedämmt 36

Abb. 23: Serienschaltung nach Tichelmann 37

Abb. 24: Füllung der Schalung für die Heizwand 37

Abb. 25: Fertig betonierte Heizwände 37

Abb. 26: Besenstrich im Auslauf 40

Abb. 27: Sauenliegefläche mit Profil 40

Abb. 28: Einbringen des Estrichs in die Abferkelbuchten 40

Abb. 29: Scheiben des Estrichs 41

Abb. 30: Glätten des Estrichs 41

Abb. 31: Verlegung einer Fliese in den geglätteten Beton 41

Abb. 32: Die Walze wird vor jedem Walzvorgang mit Schalöl eingestrichen 42

Abb. 33: Pro Bucht werden drei Walzspuren gelegt 42

Abb. 34: Raue Stellen im Profil werden mit einer Lammfellwalze geglättet 42

Abb. 35: Nestdeckel mit Scharnieren auf der Heizwand 44

Abb. 36: Deckel und Seitenwand sind mit Aluminiumriffelblech versehen 44

Abb. 37: Optimales Ruhebild in lockerer Seitenlage 46

Abb. 38: Die Ferkel liegen zu dicht an der Heizwand 46

Abb. 39: Ein wärmebedürftiges Ferkel liegt an Heizwand 46

Abb. 40: Ferkel „fliehen". Nesttemperatur kann abgesenkt werden 46

Abb. 41: Die Temperatur wird manuell mit einem Durchlaufbegrenzer gesteuert 47

Abb. 42: Mischbatterie am Stalleingang zur Regelung der Vorlauftemperatur 47

Abb. 43: Blick vom Kontrollgang auf die Veranda 51

Abb. 44: Nestvorhänge ziemlich bis zum Boden, um den Stall kühl zu halten 51

Abb. 45: Folie etwas nach oben gezogen 51

Abb. 46: Solche PVC-Streifen eignen sich nicht für die Ferkelnester 51

Abb. 47: Zwei Warmwasserschleifen vor dem Ferkelnest 53

Abb. 48: Kurze Wege der Ferkel ins Ferkelnest 53

Abb. 49: Metallrohr zur Stabilisierung der Längswand 56

Abb. 50: Die Holzbohlen haben 2 cm Abstand zum Boden 56

Abb. 51: Aussparungen im Betonboden für Buchtenpfosten 56

Abb. 52: Auslaufbegrenzung mit Eichenbohlen bzw. Lärchenholzlatten 57

Abb. 53: Weicheres Holz, z.B. aus Weißtannen bündig verlegt 57

Abb. 54: Verfärbungen beruhen auf Gerbsäure vom Eichenholz 57

Abb. 55: Personendurchstiege erleichtern Arbeitsabläufe und Tierkontakte 58

Abb. 56: Konische und zu breite Personendurchstiege bergen Risiken 58

Abb. 57: Schutz des Kunststoffschlauches vor Verbiss durch Holzkasten 60

Abb. 58: Dieses Schüttelrohr hat zu geringen Hub nach links und rechts 62

Abb. 59: Schüttelrohr mit Anschlag links und rechts 62

Abb. 60: Volumendosierer zur individuellen Futterzuteilung 62

Abb. 61: Sauen beim Fressen 62

Abb. 62: Ferkel vor dem Absetzen beim Fressen 62

Abb. 63: Das Schüttelrohr hat 2-3 cm Bodenabstand 63

Abb. 64: Geflieste Futterfläche unter Schüttelrohr 63

Abb. 65: Das senkrechte Brett hält Ferkel vom Auslauf zurück 64

Abb. 66: Gummischürzen sind gesäugefreundlicher als feste Abtrennungen 64

Abb. 67: PVC-Vorhänge sind nicht genügend reißfest 65

Abb. 68: Sogenannte Schaf-Futterbänder sind stabil genug 65

Abb. 69: Im Auslauf angebrachte Folien sind für Ferkel ein zu großes Hindernis 65

Abb. 70: Optimal: Holzschieber an der Auslaufseite 66

Abb. 71: ...und Kunststoffgewebe an der Stallseite 66

Abb. 72: Die Ferkel nutzen bevorzugt den Ferkelschlupf 66

Abb. 73: Schieber kann nicht hochgeschoben werden 66

Abb. 74: Schieber kann hochgeschoben werden 66

Abb. 75: Holzbrett kann nicht hochgeschoben werden 67

Abb. 76: Holzbrett kann hochgeschoben werden 67
Abb. 77: Dieses Muttertier ist unter dem Rohr verendet 67
Abb. 78: Dieses Muttertier konnte noch gerettet werden 67
Abb. 79: Suboptimal für Neugeborene: Nestvorhang unten 68
Abb. 80: Optimal: Nestvorhang nach oben gezogen 68
Abb. 81: Metallrohre bzw. -bügel senken kaum Erdrückungsverluste 69
Abb. 82: Zu kurze und zu niedrige Abliegewände 70
Abb. 83: Optimale Abliegewand..70
Abb. 84: Diese KW-Buchten haben an allen drei Seiten Abliegewände 71
Abb. 85: Abliegewände verhindern kritische Liegepositionen 71
Abb. 86: Ohne Abliegewände kann es zu „Totgeburten" kommen 71
Abb. 87: Absperrung des Eingangsbereiches mit einer Metallstange 73
Abb. 88: Fixierung der Metallstange an der Buchtenwand bei Nichtgebrauch.........73
Abb. 89: 10x10x15 cm Kantholz aus Hartholz (Eiche) im Eingangsbereich 73
Abb. 90: Mutter-Kind-Tränke direkt neben dem Ferkelschlupf 75
Abb. 91: Vergeudetes Wasser fließt durch den Ferkelschlupf direkt in den Kotbereich 75
Abb. 92: Dieser Wasserstand signalisiert zu geringe Benutzung 75
Abb. 93: Unterflurverlegte Wasserleitungen 76
Abb. 94: Mit der Absperrung vor dem Nest kann die Sau arretiert werden 78
Abb. 95: Mit wenigen Handgriffen ist die Sau arretiert 79
Abb. 96: Transparente Absperrung vor dem Ferkelnest 79
Abb. 97: Elektrowinden zur zentralen Bedienung der Absperrschieber 80
Abb. 98: Laufrollen am Schieber 80
Abb. 99: Zentral angehobene Nestabdeckungen 81
Abb. 100: Auslauf mit 5% Gefälle zur Schlitzrinne vor dem Aufsägen..................83
Abb. 101: Ein- und Ablaufschacht der Schlitzinne 83
Abb. 102: Mit Schrauben armiertes Rohr vor dem Einbetonieren 83
Abb. 103: Betonsägen des 11 mm breiten Schlitzes 83
Abb. 104: Sägen mit 2 Sägeblättern 83
Abb. 105: Räumer für die Schlitzrinne 83
Abb. 106: Punktuelle Einläufe im Kotbereich vor dem Betonieren 84
Abb. 107: Punktueller Einlauf...84
Abb. 108: Metall- oder Kunststoffgitter ohne Zulaufrinnen 84
Abb. 109: Metall- oder Kunststoffgitter mit offenen Zulaufrinnen 84
Abb. 110: Auffangkorb für grobe Bestandteile 85
Abb. 111: Geöffneter Einlauf..85
Abb. 112: Lochblechabdeckung mit 5 mm Löchern 85
Abb. 113: Ausreichend Gefälle zum punktuellen Ablauf 85

Abb. 114: 4% Gefälle zur Außenrinne 86

Abb. 115: Die Bohlen haben 3 cm Bodenabstand 86

Abb. 116: Einlauf zu einem 150-er KG-Rohr 87

Abb. 117: Konisches Schiebeholz 87

Abb. 118: Das Schiebeholz sollte konisch sein 87

Abb. 119: Einbauanleitung für Lochbleche über KG-Rohr 88

Abb. 120: Die Lochbleche sind ca. 1-2 cm versenkt und angedübelt 89

Abb. 121: Einwurftrichter im Kotbereich 89

Abb. 122: Vier Unterflurschieber für 2 doppelreihige Abferkelabteile 90

Abb. 123: Entwässerung direkt vor dem Hochförderer mit Rost 90

Abb. 124: Türanschläge mit Konus sind robust und langlebig 92

Abb. 125: Solche Federspanner sind nicht so dauerhaft 92

Abb. 126: Eingefasste Auslauftür wegen fehlendem Falz im Mauerwerk 92

Abb. 127: Die Auslauftür ist schräg angeschlagen 93

Abb. 128: Schräganschlagtür mit Verriegelungsstab 93

Abb. 129: Die Auslauftüren sind nebeneinander 93

Abb. 130: Zweigeteilte Tür mit oberem Belichtungsteil 93

Abb. 131: Abstandhalter zum Anlernen 95

Abb. 132: Gummipuffer zur Lärmminderung 95

Abb. 133: Band gegen zu weites Öffnen der Auslauftür 95

Abb. 134: Optimal: Rüsselgriff unten an der Auslauftür 96

Abb. 135: Suboptimal: Rüsselgriff oben an der Auslauftür 96

Abb. 136: Gummipuffer mindern den Lärm beim Schließen der Türen 96

Abb. 137: Riegel zum Absperren der Auslauftür 96

Abb. 138: Zweiflügelige Auslauftüren 97

Abb. 139: Arretier-Vorrichtung an der Auslauftür 97

Abb. 140: Anlauf und Anschlag für Fallriegel 99

Abb. 141: Buchtentür am Kontrollgang mit Fallriegel 99

Abb. 142: Buchtentor mit zweifacher Fallriegel-Arretierung 99

Abb. 143: Schweres und langes Verriegelungsrohr 99

Abb. 144: Gegen Federdruck wird mit einem Hebel entriegelt 100

Abb. 145: Das Buchtentor bewegt sich an dem senkrechten Rohr nach oben ...101

Abb. 146: Langloch an der oberen Buchtentor-Aufhängung 101

Abb. 147: Auslauftor mit Konus 102

Abb. 148: Seilspanner am Zugseil zum Anheben des Tores 102

Abb. 149: Ineinander verhakte Auslauftore sind halb geöffnet 103

Abb. 150: Auslauftore komplett geöffnet 103

Abb. 151: Solche Schwellen sollten vermieden werden 104

Abb. 152: Keine Schwelle vom Stall in den Auslauf 104

Abb. 153: Entmistung und Einstreuen erfolgt in einer Fahrt 105

Abb. 154: Einstreugerät der Firma Mehrtens für Rund- und Quaderballen 105

Abb. 155: Maschine von der Firma Flingk zum Einstreuen von außen 105

Abb. 156: Dieser umgebaute Miststreuer erleichtert das Einstreuen,… 106

Abb. 157: … weil das Stroh bereits grob verteilt werden kann 106

Abb. 158: Schiebekante nötig: Arretieranschlag **an** Auslaufwand 106

Abb. 159: Schiebekante unnötig: Arretieranschlag **auf** Auslaufwand 106

Abb. 160: Dieser Kontrollgang ist hinten 120 cm tiefer als vorne 108

Abb. 161: Die Stallstützen stehen nicht senkrecht 108

Abb. 162: Der Kontrollgang hat 2% Gefälle in 3 Richtungen 108

Abb. 163: Die Buchtentüren öffnen „bergauf bzw. bergab" 108

Abb. 164: Riegel zum Verschließen der Auslauftür 109

Abb. 165: Möglichst keine Einstreu im Auslauf um die Abferkeltage 110

Abb. 166: Dieses Tier hat die Bucht selbst eingestreut 110

Abb. 167: Nestvorhang hat die ersten Tage ca. 25 cm Bodenabstand 111

Abb. 168: Nestvorhang ist halb unten 2-3 Tage nach der Geburt 111

Abb. 169: Nestvorhang ist 3-4 Tage nach der Geburt fast ganz unten 112

Abb. 170: Diese Ferkel sind gefährdet. Es ist zu viel Stroh in der Bucht....................113

Abb. 171: Zu viel Stroh im Auslauf für Neugeborene 113

Abb. 172: Eingestreuter Auslauf ca. eine Woche nach der Geburt 113

Abb. 173: Sonnenbrand ist in teilüberdachten Ställen nicht immer vermeidbar 114

Abb. 174: Ausgeprägtes Wandliegen 115

Abb. 175: 2 m breite und 5 m tiefe Buchten mit Mistgang im Stall 115

Abb. 176: 2 m breite Bucht mit seitlich abgedecktem Liegebereich 115

Abb. 177: Es gibt Leckerli für die „Primadonnen" 116

Abb. 178: Grundriss Abferkelbereich für 112 Sauen 119

Abb. 179: 10 cm starke Vollholzdachelemente aus Konstruktionsvollholz (KVH) 123

Abb. 180: Blick auf den First mit 10 cm starken Vollholzdachelementen 123

Abb. 181: Abferkelstall aus 10 cm sägerauem Vollholz...124

Abb. 182: Freitragende Stahlkonstruktion: Baukostenvergleich: 300% 124

Abb. 183: Holzkonstruktion mit Auflage am Stall: Baukostenvergleich: 100%...........124

9   Übersichtverzeichnis

Übersicht 1: Regelungen in verschiedenen europäischen Ländern 1

Übersicht 2: Gesamtmortalität von Ferkeln bis Ende der Säugezeit (E. GROSSE BEILAGE) 5

Übersicht 3: Saugferkelverluste (W. HAGMÜLLER) 6

Übersicht 4: Abgesetzte Ferkel pro Sau und Jahr (SUISAG 2020, Seite 9 7

Übersicht 5: Reproduktionsleistung von Sauen (SUISAG 2019, Seite 7 8

Übersicht 6: Die acht Verhaltens-Funktionskreise (TROXLER, J., Wien) 14

Übersicht 7: Anforderung an Stall- und Auslaufflächen 39

Übersicht 8: Erforderliche Ferkelnestgröße 43

Übersicht 9: Vergleich Rechteck- mit Dreiecknest (im Vergleich besser: +) 47

Übersicht 10: Vergleich Rechteck- mit Dreiecknest (HECKLER, 2022) 49

Übersicht 11: Leistungsergebnisse bei gekühlten Böden (WAGENBERG van A. V.). 54

Übersicht 12: Sauenpräferenzen beim Abliegen (DAMM, B.) 69

Übersicht 13: Anforderungen an die Ausführung von Abliegewänden 70

Übersicht 14: Vor- und Nachteil der Sauenfixiermöglichkeit 78

Übersicht 15: Vor- und Nachteile unterschiedlicher Entwässerungssysteme im Kotbereich........90

Übersicht 16: Vor- und Nachteile unterschiedlicher Auslauftür-Verschlüsse 94

Übersicht 17: Bauweise als Mineral- oder Vollholzbau 122

10 Quellenverzeichnis

BEILAGE GROSSE, Elisabeth, 2020: Literaturübersicht zur Unterbringung von Sauen während Geburtsvorbereitung, Geburt und Säugezeit. Stiftung Tierärztliche Hochschule Hannover mit Außenstelle für Epidemiologie

DAMM, Birgitte and collegues: Sow preferences for walls to lean against when lying down. Applied Animal Behaviour Science, Volume 99, Issues 1-2, August 2006, Seiten 53-63

HAGMÜLLER, W., 2010: Gesunde Sauen trotz 100% Bio-Futter. Tagungsband Bio Austria Bauerntage 2010, Puchberg - Wels, 25. - 27. Jänner

HECKLER, T., 2022: Praxiserhebungen in zwei Ställen mit je 36 Abferkelbuchten mit unterschiedlichen Nestformen

PHILLIPS, P.A.: Bevorzugte Bodentemperatur von Sauen beim Abferkeln. Applied Animal Behaviour Science, 67, Seiten 59-65 (2000)

SÜDWESTPRESSE vom Samstag, 14. Sept. 2019: Gut wohnen und Geld sparen. SWP-Serie: Energie und Klima

SUISAG, Agrargenossenschaft, Allmend 8, 6204 Sempach, Schweiz: Technischer Bericht 2019, Seite 7

TROXLER, J. (2005): Das Verhalten der Sauen: Wie weit ist ihre Anpassungsfähigkeit an die Haltungsumwelt überfordert? Vortrag auf der 9. Tagung der DVG-Fachgruppe Angewandte Ethologie, München, 7.-9. April 2005

WAGENBERG, van A.V.: Cool sow make piglets grow faster. PraktijkRapport Varkens 44: Optimal klimaat en engergieesparing in de kraamssall, Lelystad 2005, Pig Progress Volume 22, No. 2, 2006

WIEDMANN, R. (2010): Die richtige Haltungstechnik für gesunde Klauen. Der Fortschrittliche Landwirt, Heft 4, S. 20-22